U0162974

活好

感悟生命之旅

奚志勇 ◎ 主编

河南科学技术出版社

图书在版编目（ＣＩＰ）数据

活好：感悟生命之旅 / 奚志勇主编. -- 郑州 : 河
南科学技术出版社, 2020.3
ISBN 978-7-5349-9883-6

Ⅰ. ①活… Ⅱ. ①奚… Ⅲ. ①生命科学－中老年读物
Ⅳ. ①Q1-0

中国版本图书馆 CIP 数据核字 (2020) 第 015271 号

活好：感悟生命之旅
奚志勇　主编

出版发行：河南科学技术出版社
　　　　　地址：郑州市郑东新区祥盛街 27 号　邮编：450016
　　　　　电话：(0371) 65737028　65788613
　　　　　网址：www.hnstp.cn
责任编辑：邓　为
责任校对：马　蕾
封面设计：李　峰
责任印制：朱　飞
印　　刷：山东鸿君杰文化发展有限公司印刷
经　　销：全国新华书店
开　　本：889 mm×1194 mm　1/32　印张：7.25　字数：118 千字
版　　次：2020 年 3 月第 1 版　2020 年 3 月第 1 次印刷
定　　价：58.00 元

主　　　编：奚志勇
编委会成员：姚　慧　张鹏飞　魏诗语
　　　　　　崔　晓　洪张青

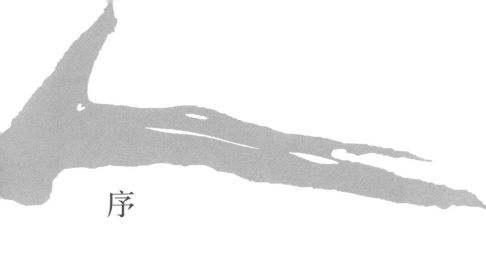

序

叶辛

我们一帮中学里的伙伴，相交至今半个多世纪了。54 个年头没有断过联系，今年正好步入 70 岁，和共和国同龄。小聚时，在互祝健康的同时，我提出了一个话题：

人究竟应该活多久？

要求每人回答一句话。

一个同学连忙说：这要看怎么活？

另一个同学道：我的期望值是 90 岁，力争再活 20 年。

第三个答话的同学报过"病危"，后来救了过来，心脏装了三个支架，现在显得相当健康，讲话的中气很足，声音盖过所有人，他说：我这几年到处游，国内国外，西北玩过再玩西南，快快活活过每一年里的每一天，像今天这样知根知底的同学相聚，是我最开心的时候，故而酒也多喝了几小杯。我不是扫大家的兴，我的要求不高，活到80岁是我力争达到的目标。其实这几年的日子，我已经是赚来的了。

第一位答话的同学连忙朝他说恭维话：看你这两年的神情气色，你肯定能超过80岁。

第四位同学从美国归来，他去美国30年了，如今仍在上班，不过每年有两趟假期，他就趁着假期回上海来探亲。他说：我还在工作，争取再干几年，安度晚年吧。究竟活多久，我真还没想过。今年反复转的一个念头是，怎么这么快，我活到70岁了，好像不该这样快的呀！

众人笑，表示都有过同样的念头。我们青年时代骑着自行车找地方玩的日子，都历历在目呢。

第五个同学说：你们都不敢，我来说。我们日子都过得顺心，也没啥大的烦心事儿，为什么不能多活几年。我的目标是超过我的父母，活到100岁，我祝诸位好朋友、好同学都活到100岁。

我指着第一个抢着说话的同学说：就你的话，回答不明确，你得照实说心里话。

他笑了，说：看来赖不过去了。每次聚会你都出话题，让我们每人回答，给你写作增加素材。我当然想活 100 岁，但是，要健健康康、快快乐乐地活着。拖着病体，尽给家人、小辈添麻烦地活着，我情愿少活些。我说个折中年龄吧，85 岁，再好好活 15 年。

你呢，你出的题目，你是怎么想的？期望自己活到哪一年？

我说，有人写了一本书，主题是"人究竟应该活多久"，让我写个序。我看到这本书，首先想到的，是一位长寿的老诗人写的诗：有的人活着，他已经死了，而有的人死了，人们还是感到他仍活着……

有同学打断我的话说：那讲的是人的价值，不是寿命。你得据实回答，想活多少岁？

我说：人的寿命是和他的价值分不开的。你们都知道，我自小就想当个作家，后来去插队当知青，写着写着书出版了，实现了梦想。身边不少人包括你们，都劝过我不要写了、不要写了，你已经是作家了，再写也超不过《蹉跎岁月》和《孽债》了，写作太辛苦了。我知道众人的好意，可是写了一辈子，写作已经成了我生命的一部分……

一个同学插话：那没办法了，你"走火入魔"了。

另一个同学说：你不是要求我们讲一句话嘛，你也简单些，用一句话表达。

我说：我活到写不动的那一天吧。首先争取活到88 岁……

老同学们又一次七嘴八舌地哄闹起来，包房里顿时喧闹成一片。经过一番争论，终究是半个世纪的好友，众人取得了一致：

谁不渴望生活，谁不渴望有意义、有价值地活着；但生命终究是有限的，让我们在认清这一点的基础上，进一步探讨"人究竟应该活多久"这个意味深长的命题吧。

是为序。

2019 年 5 月

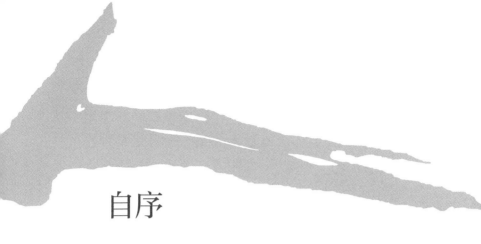

自序

人究竟应该活多久?

奚志勇

　　世界上大多数人,与"临终"貌似遥远,对生命必会经历的"最后一程"的认识,模糊得几如空白。随着服务老龄群体日益深入,我发现,许多熟年朋友时常因此而迷茫。

　　人,活着的意义和价值是什么? 老龄生活可能快乐得"不同凡响"吗?

　　类似的困扰,可以说是全人类所共同面临的。试想,浩瀚的宇宙里,地球也不过是一粒微尘,更遑论地球的个体生命? 人从降临到死亡,相对于时间的永恒和天宇的无穷,实在是稍纵即逝,从这个角度看，个体生命都是微不足道的。但再想，从蹒跚学步到子孙满堂，个体生命所体验的甜酸苦辣、荣辱成败，并非如有的哲人所指——只是某种程度的"假想"和"想象"。事实上，家族和血缘的繁衍是真切的，时代进步也是亿万人感同身受的，由此观照，每个人活着都有独一无二的作用，以各自的奋斗推动了人类的发展。

对于宇宙的无限与生命的有限之矛盾，我也曾困惑、迷茫。但自 2005 年开启养老服务之旅，我和团队逐渐领悟了许多真谛，也颠覆和创造了一些东西。譬如，创业之初，社会普遍抱有的养老概念是一张"床"，身处临终阶段的老人们被集中收治于一床难求的老年福利院，完全牺牲个人的隐私和尊严，换得毫无生趣的"等死"照料。这也是当年许多人恐惧养老的原因，以致某位主管民政的官员也曾感叹：我老了不会去住任何养老院！恰恰在彼时，我们抓住了市场潜在的更高质量养老的需求，在全国率先推出现代化大型养老住区，颠覆了传统的一张"床"式养老，让有条件的熟年朋友享受鸟语花香的优美环境，以及包含生活秘书、健康秘书、快乐秘书等会员制服务的美好之"家"。之后，颠覆和创新，融入亲和源集团的文化基因，成为我们努力引领养老业发展的使命和责任。我们针对社会痛点一次又一次大胆探索，相继又推出医养结合的 2.0 养老模式，和眼下力推的共享服务、终身用户等等模式。但在完成一系列突破之后，站在十多年养老服务筑起的高峰上，我思索着"未来十年"，竭力想弄明白，未来社会能让老人们超越今天、幸福安乐地走向生命终点的，是什么东西？

从科学技术看，"未来"正大踏步走来，互联网、机器人越来越多地渗透养老服务的各个方面。社会早已告别物质短缺的历史而步入了物质极大丰富的时代，如果仅仅提供便捷、高效的生活服务，能解决老人普遍面临的"临终困窘"吗？我想，再多的物质也替代不了精神，今天不少老龄者在忙碌一辈子后不知不觉地陷入失落和迷茫，痛点在于"内心需求"。

这是我观察、思考的结论："内心需求"，才是未来养老服务主攻的焦点！

我最近阅读了一些哲学、宗教著作，也多次带领团队去缅甸、马来西亚等东方国家考察，我深深感到，看似远离繁华喧嚣的一些落后地区，老人们对待临终的心态普遍更显平静。反观大都市，信仰匮乏，认知浅薄，导致中国的老年人普遍存在"精神贫瘠"。

世界卫生组织分析指出，个人的健康和寿命

15% 决定于遗传，10% 决定于社会因素，8% 决定于医疗条件，7% 决定于气候影响，60% 决定于自己。对此我是认同的。我从身边许多人的实例看出，人活多久，能否远离恶疾，的确与人的"精神"与"内心"息息相关。

而从马斯洛需求层次理论看，人的需求像阶梯从低到高，即便老了，实现自我，超越自我才也是人生的最高追求。因此，养老业在不断满足老人多样化服务后，必定也要关注这一点。

我们编写"人究竟应该活多久"这个话题正是基于探索、颠覆、创新养老模式过程中，慢慢积累的思考和研究。我们想告诉人们，意识和心理对于健康和长寿多么重要；也想帮助更多朋友树立乐观精神和强大内心。这本书直面人类的终极困惑，尽力做了多方面、多维度的深入探讨。读者朋友从中可以了解历史上最伟大、最聪明的头脑们对待终极问题的取舍，也可以了解当今地球上最卓越、最智慧的榜样们乐观前行之根本，从而获得希望和启迪。

愿与更多的朋友同舟共济，共同寻抵人世的幸福彼岸！

2019 年 6 月 21 日

目　录

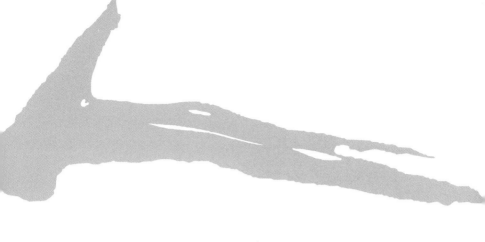

第一章
无憾的人生

一、他想对世界说

著名摄影师 Platon Antoniou 曾分享一则关于霍金的故事。

当他为霍金进行拍摄时，霍金的身体状态其实并不太好。Platon 拍完准备离开时，他突然问霍金一个问题："霍金先生，如果用一个词来表达您想对这个世界说的话，您会用什么？"

此时，霍金的护士接过话说："对不起，先生。霍金先生已经很累了，他眼睛下面的肌肉在萎缩，他恐怕做不到。"

话音未落，光标移动的声音随即传来，霍金用眼睛下面那一小块活跃肌肉指挥光标，停在了字母"W"上。

护士听到后，略带歉意地说："不好意思，霍金先生这段时间打字常常不受控制，有时会打出来一些无意义的字。"

但，她刚说完这句话，光标又动了！这次它停留在"O"上。

直到最后，光标定格在"W"。是的，霍金用尽全身力气，打出了他对这个世界想说的一个词："WOW！"

二、甜甜圈的味道

甜甜圈的味道是甜的，也是短暂的。正如人生，经历过酸甜苦辣，也终究会有一死。但人死的价值是不一样的，"或轻于鸿毛，或重于泰山"。对于每个人来说，生命有且只有一次，既然活着，就要利

用有限的时间发挥无限的价值，实现自我的人生价值。《钢铁是怎样炼成的》主人公保尔·柯察金在经历四次生死之后，有一段心理描写："人最宝贵的东西是生命。每个人只有一次生命。因此，一个人的一生应该这样度过：当他回顾已逝的年华时，不因虚度时光而悔恨，也不因一事无成而羞愧；这样，在他即将离开人世的时候，就可以坦然地说：我把整个生命和全部的精力，都奉献给了人世间最壮丽的事业——为人类的解放而奋斗。"

而"WOW"是霍金对这个世界的真实表达，意味深长。它传递了霍金对这个世界充满"惊喜""好奇"和"求知欲"，它映射了霍金的内心。即使受尽病痛折磨，即使全身失去控制力，仅仅只有眼睛下方一块肌肉可以控制，但是他对于这个世界的热爱，却如同孩童般纯真而热切。即使只剩下眼下方的一小块肌肉能活动，他对世界发出的是"WOW"，正如霍金在演讲里所说的那样："人类的努力应该是没有边界的，我们千差万别，不管生活上多么糟糕，总有你能够做的事情，并且能够成功，因为有生命的地方就有希望。"活着便要创造生命的价值，如此，人生便无憾。

无独有偶，屈原在经历国破家亡，极度悲苦的困境中写下《离骚》。"路漫漫其修远兮，吾将上下而求索"，就算人生的路又长又窄，他仍旧要追寻心中的太阳。"史家之绝唱，无韵之离骚"是鲁迅先生对《史记》的高度评价，世人皆知《史记》的历史价值，却难以想象这部巨著是司马迁受了极为"屈辱"的酷刑后，凭着坚强的意志写下的。人生是一次奇妙的旅程，请不要轻易地"白跑"一趟；人生亦是一份没有标准答案的考卷，请不要轻易地交"白卷"。

三、这道题，你会怎么算?

1. 一道生命数学题

假设你的生命是一个长方体，长方体的"长"代表你能存活在世上的时间，"宽"代表对自我、他人和社会贡献的程度，而"高"则代表思想境界、精神层次以及实现人生价值的程度。如果长宽高满分都是100分，

假想一下，当走到人生旅程的终点，回望自己的一生，你希冀自己生命的"长""宽""高"能打多少分呢？你渴望的无憾人生又有着怎样的"体积"？

2. 生命面面观

何谓生命？生命是什么？法国文学家托马斯·布朗爵士说："你无法延长生命的长度，却可以把握它的宽度；无法预知生命的外延，却可以丰富它的内涵；无法把握生命的量，却可以提升它的质。"

这只是林林总总的生命定义里的"一说"。

什么是生命？这是一个关乎人类的根本性问题。和德尔菲神庙门楣上刻的那句"认识你自己"一样，"什么是生命"的问题，直指人类对自身的认知与理解。人类对自身的探究从未停止，对生命的洞悉也从未完整，这个问题一直没有公认的固定答案，对"生

命"也一直没有出现过所谓的标准定义。

就生命的内涵而言，随着学科的分化，涉及生命的各门学科都试图从各自的角度来界定生命，形成了对生命的不同认识和理解。

生物学意义上的生命，是指由高分子的核酸蛋白体和其他物质所组成的生物体。

社会学意义上的生命，是指自然属性与社会属性的高度统一体，社会性是人的生命区别于其他物种生命的本质属性。

哲学意义上的生命，则是指自然界的一种客观存在，是自然界矛盾运动的产物；同时，生命也是一种主观存在，是认知现实世界的主体。

从心理学、经济学、文学、宗教等其他角度，人们对生命还有着更多定义。所有这些定义，显然是从不同角度界定生命，也是从不同侧面丰富完善人类对生命的认识。

自古以来，无数先哲用自己的人生体验探索生命的奥秘，对于生命的感言，他们众说纷纭：

生命，那是自然付给人类去雕琢的宝石。

——诺贝尔

生命不等于是呼吸，生命是活动。

——卢梭

生命是一条艰险的峡谷，只有勇敢的人才能通过。

——米歇潘

一个伟大的灵魂，会强化思想和生命。

——爱默生

世界上只有一种英雄主义，那就是了解生命而且热爱生命的人。

——罗曼·罗兰

我们只有献出生命，才能得到生命。

——泰戈尔

内容充实的生命就是长久的生命。我们要以行为而不是以时间来衡量生命。

——小塞涅卡

如能善于利用，生命乃悠长。

——塞涅卡

生命在闪耀中现出绚烂，在平凡中现出真实。

——伯克

寿命的缩短与思想的虚耗成正比。

——达尔文

人生包含着一天，一天象征着一生。

——谚语

谁能以深刻的内容充实每个瞬间，谁就是在无限地延长自己的生命。

——库尔茨

我们的生命只有一次，但我们如能正确地运用它，一次足矣。

——英国谚语

生命不可能有两次，但许多人连一次也不善于度过。

——吕凯特

3. 构筑立体式生命

生命最终是否幸福完整，是由生命的三重属性共同决定的。自然生命之长强调延续存在的时间，社会生命之宽重在丰富当下的经验，精神生命之高则追求历久弥新的品质。长宽高三者的构筑，构成了立体式生命这一"容器"的容量。容量的高低，代表着一个人的生命价值。

从一个理想的生命状态来说，全面地拓展生命的长度、宽度和高度是最完美的生命结构，但由于生命的偶然性和不确定性，生命的长度有时是不可控制的。有些生命虽然很短暂，但是由于其生命拥有足够的宽度和高度，他们的生命容量依然庞大，生命的品质依然高洁，足以竖立起一座伟大的丰碑。

四、你知道，你的存在很伟大吗？

1. 宇宙的生命奥秘

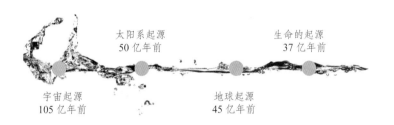

太阳系起源
50 亿年前

生命的起源
37 亿年前

宇宙起源
105 亿年前

地球起源
45 亿年前

根据"大爆炸宇宙论"，宇宙在 147 亿年前的大爆炸中产生，经历了一个相对短暂的、大约 2 亿年的黑暗时期之后，开始形成大量巨大的恒星（约太阳质量的 150 ~ 500 倍）。在恒星形成和星系演化过程中各种生命所需的元素不断合成。各种物质聚集在近地球表面高能的、专门化的、封闭的微小地球化学单元中，逐渐演化为初步具有生化功能的单元，最终脱离地球化学反应空间的约束而形成能够独立进行能量代谢和遗传物质合成的生命个体。

地球生命体系是当前已知宇宙中唯一的生命体系，亦是已知的宇宙中最复杂的分子体系，更是自然演化出的最完美的分子体系。地球上生命起源的过程复杂。如果说一只猴子在打字机的键盘上随机跳动能打印出大英博物馆的所有图书，那么在地球上发生生命的概率比这还小。但，在地球上的的确确自然产生了生命，而且产生了智慧生命——人类这一宇宙最美丽、最灿烂的花朵。生命在地球上的起源是一个令人惊叹的奇迹！

2."你"的生命奥秘

1859年，英国生物学家C.R.达尔文出版《物种起源》一书，阐明了生物从低级到高级、从简单到复杂的发展规律。1871年，他又出版《人类的由来

与性的选择》一书，列举许多证据说明人类是由已经灭绝的古猿演化而来的。但他没有认识到人和动物的本质区别，也未能正确解释古猿如何演变成人。关于人类起源的讨论，从古至今，争论不休，理论假说有十余种，包括进化说、次元说、生命说、能量说、基因说、细胞说、神话说、外星说、海洋说以及动物说等。在众多理论学说之中，人究竟是由猴子进化而来还是由神创造的，一直是科学界和神学界争论的焦点。

暂且不论人类起源，就整个宇宙来说，人是非常渺小的存在。

触摸历史的长城，人，不过是青墙瓦砾中的一块砖头；跨越时间的长河，人，不过是汪洋大海中的一滴水珠；仰望浩瀚的星空，人，不过是无穷宇宙中的一粒尘埃。但是人，注定不平凡。正如笛卡尔说："人只不过是一根芦苇，是自然界最脆弱的东西，但它是一根会思想的芦苇。"正如世界上没有两片相同的树叶，世界上也没有两个相同的个体，每一个人都是独一无二的存在，每一个"你"都是大自然最为神奇的创造。

五、你眼中的他（她），是故事还是榜样？

1. 人生不设限

人这一生，到底要以怎样的方式活下去？人生是一段漫长而复杂的历程，充满了复杂性和不确定性。正如路遥所说：生活总是这样，不能叫人处处都满意。但我们还要热情地活下去，不是吗？澳大利亚的尼克·胡哲便是在逆境中顽强活下来的一位备受尊敬的战士。

1.1 尼克·胡哲：上帝的礼物让你绽放不一样的"精彩"

假想一下，如果你一出生就没有四肢，你会如何生活下去呢？难以想象，一个人一出生就没有四肢，但是命运却和尼克·胡哲开了一个大玩笑。

1982年12月4日，他的出生没有带给家庭喜悦感，反而是惊吓。原来他竟然天生没有四肢，只是一团肉连着一颗小脑袋！幸运的是尼克的父母从来没有想过放弃这样的一个"怪胎"。

尼克并不是生而强大，他经历了常人难以想象的自卑、自弃。"十八个月大时，爸爸把我送到游泳池，锻炼我的勇气。"尼克·胡哲说。他的爸爸是一个电脑程序员，希望他能够正常地生活和学习。在等到上学的年龄时，父母将他送到一个普通的小学就读。没有四肢，行动受限，家里给他配置了电动轮椅。母亲还做了特殊的塑料装置用来写字。尽管家里人希望尼克像正常孩子一样开始学习生活，可没有四肢的他，天生就与众不同。奇怪的身体结构吸引着同学们和别人的目光，也招来了他们的欺凌和嘲笑，他被视为一个"怪物"。

面对不断遭受到的嘲笑和打击，尼克痛苦不堪，后来直接不敢面对任何人，也不愿意去上学，对生活和自己都产生了前所未有的怀疑，他抱怨命运的不公，他认为天生的残缺阻挡了他所有的脚步，不敢对未来有任何期许。在这期间，父母一直给予他莫大的支持和鼓励，让他学会直面困难。他逐渐感觉到了生命本有的分量，开始面对自身的缺陷，尼克意识到自己的残缺并不是一种错误，是上帝为了让他拥有不一样的人生。不给自己设立过多的框架，才能拥有生命里的种种可能。他不断尝试开发自己身体和大脑的潜力，拒绝放弃。尼克·胡哲不仅完成了大学学业，还创办了自己的公司，并在全球各地演讲，用自己的故事去激励和启发更多的人。2010年，也是他28岁时，他通过自己的经历，写出了自传式励志书籍《人生不设限》。他说："身体缺陷并不是真正限制人的自由，是人们自己在思想上给自己设了限。"是足够的爱和感恩让他创造了生命的奇迹，不抱怨、不向命运妥协，一步步地突破自我，尼克·胡哲才拥有了自己的精彩和骄傲。

2012年2月12日，这位无四肢的生命斗士遇到了日本的宫原佳苗，并与之结为夫妇。来自世界各地的粉丝，在"脸书"（Facebook）上为他送了祝福，近7万人在"脸书"（Facebook）上给他留言，见证了他们美好的婚姻。2013年情人节凌晨，尼克·胡哲在"脸书"（Facebook）写道："清志·詹姆斯·胡哲出生了！感谢耶稣！"孩子四肢健全，非常健康。世界各地的粉丝纷纷送上祝福。传奇式的生活经历，让尼克·胡哲对于生命有着异于常人的理解。尼采曾说"杀不死我的，必将使我强大"！尼克·胡哲在没有四肢的残酷事实面前，没有给自己设限，反而不断激发潜力，获得了一系列常人所不能企及的成就，鼓舞了无数残疾者和意志消沉的失败者。

叔本华说过：没有人生活在过去，也没有人生活在未来，现在是生命确实占有的唯一形态。只有拥有足够的勇气来面对当前的处境，才能更好地明白生活所带来的一切。痛苦是促进一个人进步最好的动力，如果你现在正经历着前所未有的痛苦磨难，就来看看尼克·胡哲这位残疾人的顽强意志，没有四肢的人，连基本的行走都做不到，却是怎么做到鼓舞千万人，获得成就和幸福的。

"人生不设限"，不要给自己设置限制，生命终将绽放精彩。

1.2 摩西奶奶：人生没有太晚的时候

"种一棵树最好的时间是十年前，其次是现在。"这句话所传达的深意，即立足当下，成就未来，人生永远没有太晚的开始。安娜·玛丽·摩西可谓是"大器晚成"，在她80岁时成功举办个人画展，100岁时还无意中启蒙了日本著名作家渡边淳一。从开始作画到人生的最后，在这二十多年里，她共创作了1600幅作品，这些作品是她整个晚年生活保持不服老的活力心态、珍爱生命的典型写照。

真正的年轻在于心态，有的人怕老，哪天从自

己头上见到一丝白发就忧愁得不得了，这样的人反而会不经意间老得更快。有的人不服老，整天铆足了精神劲儿去生活，反而越活越有滋味，越活越有精气神。

"任何人都可以作画，任何年龄的人都可以作画。"摩西奶奶认为，不喜欢绘画的人，也可以选择写作、歌唱或是舞蹈等，重要的是找到适合自己的道路，寻找到你心甘情愿为之付出时间与精力，愿意终生喜爱并坚持的事业。

"回顾过去，我的生命就像是一天的工作，我因为它的圆满结束而满意。我开心而又满足。我认为最好的生活就是充分利用生活所提供的一切。人生并不容易，当年华已逝、色衰体弱，孩子们，我希望你们回顾一生时，会因自己真切地活过而感到坦然，淡定从容地过好余生，直至面对死亡。

"人的一生，能找到自己喜欢的事情是幸运的。有自己兴趣爱好的人，才会生活得有趣，才可能成为一个有意思的人。当你不计功利地全身心做一件事情时，投入时的愉悦、成就感，便是最大的收获与褒奖。今年我一百岁了，往回看，我的一生好像是一天，但在这一天里我是尽力开心、满足的。我不知道怎样的生活更美好，我能做的只是尽力接纳生活赋予我的，让每一个当下完好无损。"

人生的老少不能只看年龄，有的人虽然已到不惑之年，但他们每天都活得像个孩子；有的人虽正当少年，但看着如同病入膏肓。有人总说：做这个没有时间，做那个没有精力，已经过了追求某样东西的时候了，已经晚了。实际上，现在做，仍然是最好的时光。对于一个真正有追求的人来说，生命的每个时期都可以成为追求理想的出发点，是年轻的、及时的。

摩西奶奶从零绘画基础到开个人画展，也不过短短四年时间，不要给人生太多限制，你会得到意想不到的精彩。

人的一生是漫长而又复杂的历程，我们都要试着去找到一个合适的平衡点，来完成与世界的接轨。用行动定义生命，正如《超级演说家》的冠军刘媛媛所说：命运给你一个比别人低的起点，是想告诉你，让你用你的一生去奋斗出一个绝地反击的故事，这个故事关于独立，关于梦想，关于勇气，关于坚忍。

2. 年龄不是问题

2.1 学无止境：日本 82 岁奶奶退休后自学编程

——立志当码农

2017 年苹果全球开发者大会上，一位 82 岁的日本老奶奶成了全场最年长开发者，还获得苹果首席执行官库克的赞赏，称她"活到老、学到老"的精神"激励人心"。

这位奶奶名叫若宫正子，是一名银行退休职员。若宫刚开始工作时用的是算盘，直到 60 岁从银行退休后才开始与电脑结缘，她花了几个月的时间建立了自己的第一个系统，首先是 BBS 消息——互联网的前身。然后，她先后使用微软笔记本电脑、苹果电脑，最后是 iPhone 手机来锻炼自己的编程技能。一直使用 Windows 的她在 2016 年夏天才接触 Mac 系统，在自己的努力钻研和朋友的指导下，她花了半年时间就开发出了一款适合 60 岁以上老年人的游戏应用"雏坛"（Hinadan）。"雏坛"是日本 3 月 3 日女儿节的一种传统装饰，在这一天，父母会为女儿在这种阶梯状台子上摆上穿和服的娃娃。若宫开发的这款游戏是要让玩家在四层台阶上按正确位置摆上 12 个娃娃。一旦位置正确，会响起一阵鼓声。

对年轻人来说，这好像是个挺无聊的游戏，但在老年人中却很有市场，若宫非常清楚老年人的痛点在哪儿。由于科技行业普遍对老年人缺乏兴趣，致使很多科技产品并不适合老年人使用，这让她感到很沮丧。开发这款游戏的初衷是让老年人体会到玩游戏的乐趣，"年轻人总是能体会到游戏 App 的乐趣，老年人却很难"。抱着这样的不满，她自学编程，自己动手编写应用程序。若宫说，老年人做事比较缓慢，所以这款游戏节奏比较慢，设计简单。有一个很贴心的操作是不使用滑动模式，都用点击方式玩游戏，这对于手指比较干燥的老年人简直是福音。

"万一失败了，也不过是浪费了一点时间和金钱而已。人总归都有一死，不如不断尝试，即使一直在重复失败也会有成长。"电脑和开发让若宫的退休生活充满乐趣。她坚持认为，六十多岁的人需要积极地寻找新的技能来保持灵活，她在75岁的时候开始学习弹钢琴。"随着年龄的增长，你会失去很多东西，你的丈夫，你的工作，你的头发，你的视力。但当你开始学习新东西的时候，不管是编程还是弹钢琴，这些都是一种加分，是一种激励。"

若宫的下一个目标是"准备开发一个让老年人开心，又能将日本传统文化传递给年轻人的App"。"大多数老年人已经放弃了学习的想法，但一些人开始（再次）学习，不仅对他们有好处，而且对国家的经济也有好处。"她还暗示说，她的身体健康很大程度上取决于积极的思想和忙碌的生活，"我每天都很忙，没有时间去寻找疾病。"

如今，这位奶奶还运营着一个Excel相关的艺术设计的教程，并且还创作了一些教同龄老人玩电脑的内容。当然也和普通奶奶一样在编写代码之余还会做一些精致的手工艺品。励志的奶奶，完美地验证了"活到老学到老"的俗语，老年并不是人生的尾声，而是人生的新开端。

2.2 勇者无畏：英国 101 岁老人玩 4500 米高空跳伞打破纪录

英国一名高龄 101 岁零 38 天的老爷爷海耶斯（Verdun Hayes），于 2017 年 5 月 14 日在英国德文郡（Devon）挑战高空跳伞，从大约 4572 米的高空往下跳，比原本纪录多 35 天成为全球最老跳伞者，他的家族成员们一共四代同堂都陪他一起跳，见证历史纪录的诞生。

据台湾东森新闻 5 月 15 日报道，海耶斯在跳伞之前被问到感觉如何，他回答：很不错，而且很期待。当他抵达陆地后，他 74 岁的儿子还大喊，纪录保持人来了。海耶斯开心地喊着万岁，说完成挑战的心情简直像是飞过了月球，"完全可以明年直接再来跳一次，真的太棒了"。16 岁的曾孙子笑说，真不知道他怎么做到的。

这位勇敢的老爷爷去年为了庆祝自己年满 100 岁，就曾经尝试高空跳伞，当时打破了英国最老跳伞纪录，但他觉得不够，今年再度打破全球纪录。

家族四代的 10 名成员们，包括最小的 16 岁的曾孙子，都一起陪同海耶斯完成这项创举。海耶斯还透露，他在 90 岁时就想要尝试了，但是一直被现已过世的老婆阻止。上一个最老跳伞者是一位加拿大的阿公 Armand Gendreau，留下以 101 岁高龄完成跳伞的纪录。

2.3 将挑战进行到底：美国 102 岁老人重新改写高空跳伞纪录

2017 年 7 月 28 日，美国新泽西州一名 102 岁老人重新改写高空跳伞纪录，在家人、朋友和众多支持者的见证下，打破 101 岁英国男子于 5 月创下的世界纪录。

生于 1915 年的肯·梅伊尔（Ken Meyer）曾见证两次世界大战、20 届美国总统选举，极富挑战精神的他于 28 日在萨赛克士郡将这种人生态度推向极致，成为全球双人跳伞运动中年纪最长者。

"我不会说我一点也不怕。"他在受访时说，"我想我还是有一点紧张，如果我真的不怕，那是骗人的。"

据吉尼斯世界纪录显示，101 岁的海耶斯 5 月 14

日在英国，从1.5万米高空跳伞，成为年纪最大的挑战者。

梅伊尔的跳伞教练温斯托克表示，"这太了不起了，他不是整个郡年纪最大的跳伞者，也不是全州年纪最长的，而是全世界双人跳伞运动年龄最大的人。"

当被问及为何想要在这个年纪尝试如此冒险的事情时，梅伊尔笑着说："当你活到102岁时，人们会认为你所做的每件事都有趣。我一直想尝试，但过了100岁时才认真考虑这件事，最终我决定是时候付诸实践了。"

从拍摄梅伊尔跳伞过程的录像中显示，指导团队有人在他准备从1.45万米高空跳伞前打趣地问道："嘿！有什么遗言吗？"梅伊尔说："让我们一起开派对吧！"

3. 爱与温暖不可辜负

3.1 祝寿嵩：做自己喜欢的对别人好的事

祝寿嵩退休前是上海铁道医学院（现为同济大学医学院）教授，1922年出生，已近98岁，但精神焕发，思维清晰，步履稳健，声音爽利，站在面前，谁都不信他是近98岁的高龄老人。他坦承自己是"阳光老人"，生活充满乐趣，晚年尤为开心，活到今天，确实看到阳光普照中国，尽管时有阴霾迷雾，但他坚信阳光也在照亮世界——世界和平、国际友好正是人类的终极目标。

祝寿嵩老家是苏州吴县，父亲毕业于东吴大学生物系，表伯李宗恩后任协和医学院院长，所以父亲早看准考燕京、进协和这一条道路。1936年他们举家迁至北平，他大哥祝寿山上了燕京大学医预系，后进协和医学院，1947年进入解放区做外科医生，后任北京军区总医院副院长；二哥祝寿河因家境困难，读的是上海第一医学院，较早在大后方参加地下党，后任中苏友谊医院（现为友谊医院）院长；老三早年夭折，他是老四，在北平读完高中考取燕京医预系；弟弟祝寿鑫是老北大毕业，后在化工部从事工程技术。可以说，一家人都是读书人，都是党员，但他是最后一个加入的。他坦承自己平生喜欢观察思考，对国与国交往，诚如哲学家所说"宇宙像一本书，一个人只看到自己的国家，等于只读这本书的第一页"。

他的大学生涯在国难当头、战乱频仍的年代中度过，为读燕大、协和花了12年，占了生命长度的近八分之一。他1940年考入燕京大学医预系，1941年12月太平洋战争爆发，辗转至成都燕大，大二后弃笔从军，应招当远征军翻译，在印缅战场前线患丛林斑疹伤寒，几近丧命。1946年再复学，1947年考入协和医学院，1952年毕业后调入军事医学科学院，从事部队防疫科研，1960 年奉调上海铁道医学院从教，直到 1990 年退休。

说起在印缅战场的亲身经历，尽管过去七十多年，往事仍历历在目。也许是家国情怀，更重要的来自沦陷区的"燕大人"都有一颗不可磨灭的爱国心，不愿当亡国奴，不让祖国的大好河山遭日本侵略军践踏、蹂躏，他便毅然与其他热血青年一样，投身于抗日战争的印缅战场。经历严酷的战争，祝寿嵩对世界和平有了深度思考。虽然他又复读再考协和医学院，做医生梦未圆，当教师情未了，但也一直在思考"战争与和平"问题。祝寿嵩说他的人生经历各种苦难，但始终保持一颗爱国心。他认为，无论涉及中美、中日、中印关系，都应把决意扩张、侵略他国的高层政要与爱好和平的人民区别开来。世界充满希望，也充满挑战，我们不能因现实的复杂而放弃梦想，不能因梦想遥远而放弃追求。经历新旧社会对比，看到中国共产党领导祖国日益强盛，祝寿嵩真正认清自己该走什么路，他于 62 岁加入了中国共产党。

耄耋老人，灭蚊达人

自从入住亲和源老年公寓后，这位老人没有闲下来的时刻，在他看来，忙和爱国心是他保持生命长寿的秘诀。亲和源老年公寓入住了1300多位老人，夏季蚊虫较多，虽采取简易灭蚊措施，但收效甚微。自2014年开始，"灭蚊"成为祝伯伯的"心头事"，他爱好钻研问题，利用自己的医学背景，制作出灭蚊三部曲，并定时定点查询园区各个楼道的蚊虫情况。要做就做好，他制作灭蚊曲线图、收集蚊尸、布点楼道灭蚊器，这一切的一切源于他对生活的热爱。勤于思考，脚踏实地，正如老人说"做自己喜欢的对别人有利的事"是我保持好心态的源泉。

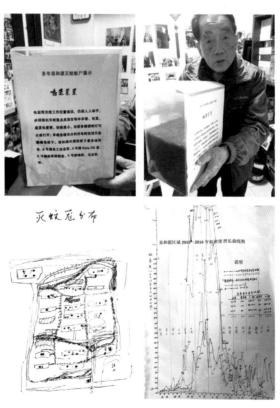

3.2 吴孟超：科学救国，用双手托起生命的希望

"我想背着每一个病人过河"

2018 年 7 月播出的一期《朗读者》引发热议，主人公是被称为"中国肝胆外科之父"的吴孟超。节目中，合作多年的护士长写给吴孟超的信，让董卿流泪了，也让无数观众深深感动。

吴孟超是谁？与"吴孟超"三个字相连的，是一连串奇迹。他创造了中国医学界乃至世界医学肝胆外科领域的无数个第一：他翻译了第一部中文版的肝脏外科入门专著；他制作了中国第一具肝脏血管的铸型标本；他创造了间歇性肝门阻断切肝法和常温下无血切肝法；他完成了世界上第一例中肝叶切除手术；

他也切除了迄今为止世界上最大的肝海绵状血管瘤；他完成了世界上第一例在腹腔镜下直接摘除肝脏肿瘤的手术……

在吴孟超 75 年的从医生涯里，超过 16000 名病人，因为他而脱离了生命的绝境。因为他和他的学生，我国的肝癌术后 5 年生存率由 20 世纪 60 ~ 70 年代的 16.0%，上升到 80 年代的 30.6% 和 90 年代以来的 48.6%。他的眼前是病，心底是人，他总说："我想背着每一位病人过河。"这位中国肝脏外科之父的右手，握过众多的奖杯，但却因为几十年来长期拿手术刀，右手食指指尖微微向内侧弯。但是这只手又超乎寻常的柔软细腻，指甲整齐润泽。食指畸变是因为过去的成千上万台肝脏手术，细腻灵活是为了未来能再多帮助一个生命。

吴孟超说，自己爱惜手要远胜过脸。脸老了没有所谓的，但是这双能在手术台上连续操作十个小时的手，是和死神博弈的利器，在肝脏的方寸之间渡人生死。在面对病人满腹腔的充血时，所有人都只能看到满眼的红色，但吴孟超的手可以直接伸进去，代替眼睛游刃有余地选中血管一掐，血当即就会止住。

吴孟超先生其实是马来西亚归侨，幼年时曾随母亲到马来西亚投奔父亲。在他 18 岁的时候，中国爆发了抗日战争，于是他告别父母，坚决要回到中国，上前线。

吴孟超来到昆明，却发现去延安的路因为战争而漫长凶险。同学劝他，与其送死，不如科学救国。于是，吴孟超暂时按下自己内心的激愤，考入了同济大学医学院。

他有幸听到了"当代中国外科之父"、在二战中挽救无数生命的裴法祖教授的课，顿时被他的渊博知识、精湛医术所折服。后来吴孟超在医院当住院医生时，如愿以偿地成为他的学生。

中国是肝病大国，死亡率很高。于是吴孟超选择主攻肝脏，从标本研究到临床实践，带领了一批医生，在一片空白之上建立了中国的肝胆外科。

牺牲小我，成就大我

在这漫长的六十年里，吴老所创造的无数个第一的名誉，也无不见证着中国肝胆外科从无到有、从有到精的卓绝探索历程，更记录着国之大医匡危济世的至高境界。但很多人不知道的是，当吴孟超再次回到马来西亚时，父亲已经因为胆囊结石和胆管结石去世了。他为了救国，学了这一行，却没有机会给自己的父亲医治。他在父母的墓前，说：妈妈爸爸，我已经为祖国也做了一点事情。

吴孟超的双手拯救了无数的生命，而他自己的这份遗憾却成全了更多的父母和儿女之间的一份圆满。

随着科学技术的发展，人类生命的延长，是科学发展了不起的成就，但是新的问题也随之而生。如果说，我们生命长度增加了，但是生活质量下降了，这样的生命就缺少了深度和厚度。人之死既是必然，就应该珍惜活着的日子，活就要活出生活质量。对老年人而言，能活手活脚，思维正常，生活自理，做到少跑医院少吃药，大病少有小病偶有，就是不错的生活质量，是一种别样的精彩。那什么是生命的宽度呢？

生命的宽度就是一个人在漫漫的生命旅途中所能达到的范围。如果一个人的生命仅仅有长度没有宽度，他也就只是苟且地活着。"生命的宽度"的内涵在于生命有质量，生命有厚重，生命有意义，生命有价值；怎样的生命才有宽度；应该怎样去做生命才有宽度。如果丢了宽度，生命再长，不过是一场重复。况且长度无法拓展，活到一百岁已是极限，但宽度却可以凭借学习、觉悟、智慧无限变宽。

一个人生命的宽广度首先表现在他一生所学习的科学知识、所涉猎的生活范畴。古今中外能被称之为"伟人"的人，他们的生命长度并不比一般人长多少，但他们都是在科学知识领域里纵贯多种学科、在人类生活中通晓古今上下的人。中国古代的嬴政、诸葛亮、曹操都是在有目的地生活，他们将一生的学问都奉献在统一各国、治理天下这个伟大的事业上。

一个人生命的宽度还可以表现在他一生在这个世界上所走过的地方，他在这个世界的山谷岛屿和江河湖海所留下的足印、所带去或带来的思想和文化。世界上知名的有游遍神州的徐霞客、七次下西洋的郑和、发现美洲大陆的哥伦布、环球航行的麦哲伦等，他们将一生都浓缩在了"感知世界"这精悍的四个字中。

第二章
生死的抉择

世上没有长生不老的事，科学上解释人的寿命大致以 100 岁为极限，因为"染色体末端——端粒的限制"，因 DNA 的复制受到端粒的限制，导致细胞无法再复制分裂，造成了人体衰老。不少实验总结出，人类的端粒长度、DNA 分裂次数限制在 100 年多一点。但又有多少人能平平安安地迈过 100 岁的门槛？

人们不愿意接受死亡是一种永远无法回避的自然法则。而恰恰是这不可回避的死亡赋予了生命的意义，让人在有生之年做更多有意义的事情，提升生命的质量，珍惜重要的人。

生，固然是好的。从身边的每件小事中学习成长，体味人生的意义。可是，当"生"已经成为了一种负担，自己的，甚至是他人的，这时也许"死"会是一种更好的解决办法。然而矛盾也在这里。"死"，会给关心你的人造成多大的伤害？也许时间能够抚平一切伤痛，但万能的它却是终究无法揭去那道伤疤。其实，生死本为一体，有生必有死，知道死，才能更好地生。当我们愿意对死亡进行理性的讨论，从中理解和感悟死亡的意义，也就不会那么恐惧死亡。

生命是如此奇妙，愿我们可以和它好好道别。

事实上，在现实生活中，人们与生命道别的方式往往不尽如人意，毫无生活质量地延缓生命往往是不少人不得不面对的情形。对大多数人而言，死并不可怕,可怕的是在延缓死亡的过程中病人和家人承受的惧怕和煎熬!

如何改变这样的状况?当死神降临到自己面前时,我们能否按照自己的意愿,选择告别这个世界的方式?当死神降临到家人面前时,我们能否不留遗憾,代替家人做出最好的抉择?这些都值得深入探讨。

一、这是我们希望的离开方式吗?

1. 死亡质量指数不高的客观困境

有一个现象,中国各大城市都会不断发布幸福指数。但这些发布却有着重要的缺失——忽略了"死亡质量"也是幸福指数的核心指标。经济学人智库对全球 80 个国家和地区进行调查后,发布了《2015年度死亡质量指数》报告:英国位居全球第一,中国大陆排名第 71 位。"死亡质量"指什么?即病患者的最后生活质量,而中国在这方面表现重视不够,以致幸福指数未能完整呈现,而成了"跛脚"。

从经济学人智库发布的这份报告可知,"死亡质量指数"衡量的是一个国家或地区可向成人提供的姑息治疗的质量。姑息治疗在国内刚刚起步,对国人来说还比较陌生。

所谓姑息治疗，指的是很多病当下无法治愈，但是可以缓解痛苦，属于"人道主义医疗"，按照世界卫生组织的定义，通过姑息治疗，可缓解90%以上晚期癌症患者的身体、社会心理和精神问题。因为太过生僻，人们也容易对姑息治疗产生误解，把它等同于安乐死或者临终关怀。然而，姑息治疗不是"安乐死"。后者是放弃一切治疗，比如对危重病人实施安乐死，使其在无痛苦感受中死去。而姑息治疗则作为一种疾病治疗方式，会对病患进行积极的、全面的医疗干预。姑息治疗也不等于临终关怀。

所谓临终关怀，指的仅仅是为绝症晚期病患提供护理。而姑息治疗，不只是对临近死亡的病人，其适用于疾病的任何阶段。比如，对于癌症，在早期抗癌治疗与姑息治疗同时进行，相互补充，而在晚期则转向以姑息治疗为主。世界卫生组织给出了姑息治疗的内涵，包括"缓解疼痛和其他令人痛苦的症状""维护生命并将死亡视为一个正常过程""既不加速也不延迟死亡""整合患者护理的心理和精神内容""提供支持系统，协助患者尽可能过上积极的生活，直至死亡"等。

"科技发展到今天，医生面对的最大问题不是病人如何勉强度日，而是如何更有尊严地活下去。"能否"好死"，这可能是现在最被我们忽略的幸福难题。

2. 治疗无效？但我（家属）坚持

中国的死亡质量为什么这么低呢？一是治疗不足。一些人生病了缺钱就医，只有苦苦等死；二是过度治疗。有些人直到生命最后一刻仍在接受创伤性治疗。可以说，创伤性治疗，是最让人遭罪的。

北京军区总医院原肿瘤科主任刘端祺，从医40年至少经手了2000例死亡病例。"钱不要紧，您一定要把人救回来。""哪怕有1%的希望，您也要用100%的努力。"每天，他都会遭遇这样的请求。他点着头，心里却在感叹："这样的抢救其实有什么意义呢！"在那些癌症病人的最后时刻，刘端祺经常听到各种抱怨："我只有初中文化，现在才琢磨过来，原来这说明书上的有效率不是治愈率。为治病卖了房，现在还是住原来的房子，可房主不是我了，每月都给人家交房租……"还有病人说："就像电视剧，每一集演完，都告诉我们，不要走开，下一集更精彩。但直到最后一集我们才知道，尽管主角很想活，但还是死了。"过度治疗，使得病人不但受尽了罪，还花了很多冤枉钱。

数据显示，中国人一生75%的医疗费用，花在了最后的无效治疗上。有时，刘端祺会直接对癌症晚期病人说："买张船票去全球旅行吧。"结果病人家属投诉他。没多久，病人卖了房来住院了。又没多久，病床换上新床单，人离世了。整个医院，刘端祺最不愿去的就是ICU，尽管那里陈设着最先进的设备。"在那里，我分不清'那是人，还是实验动物'。"花那么多钱、受那么多罪，难道就是为了插满管子死在ICU病房吗？

3. 安乐死的权利离我们有多远？

在强调临终关怀的今天，是眼睁睁看着自己挚爱的人在死亡线上痛苦挣扎，还是尊重他们的意愿任其平静地离去？这更像是一个伦理问题，而非简单的健康问题。一个人能否自由选择余生？人能否有尊严地结束自己的生命？生命的意义是否该重新定义？安乐死是对生命的轻贱还是尊重？

安乐死指对无法救治的病人停止治疗或使用药

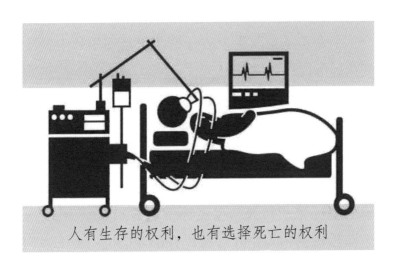

人有生存的权利，也有选择死亡的权利

物,让病人无痛苦地死去。"安乐死"一词源于希腊文,意思是"幸福"地死亡。它包括两层含义,一是安乐的无痛苦死亡;二是无痛致死术。中国的定义,指患不治之症的病人在垂危状态下,由于精神和躯体的极端痛苦,在病人和其亲友的要求下,经医生认可,用人道方法使病人在无痛苦状态中结束病患者生命的过程。

现代意义上的安乐死涉及了不同的人或群体,包括安乐死者本人、医务人员、安乐死者亲属及其他需要医疗救助者。由于各方的社会身份、社会角色、责任和义务的不同,以及各方的世界观、人生观、价值观不同,导致不同的人或群体具有不同的安乐死观念,引发了以下五个方面的伦理争议。

3.1 生命神圣论与生命质量论之争

生命神圣论与生命质量论之争是安乐死中首要的伦理争议。

生命神圣论否认安乐死具有伦理价值,认为人的生命"神圣不可侵犯",任何人不得违背神的意愿而随意结束生命,包括自己的生命和任何他人的生命,即"人活着不是一种选择,而是一种义务"。由于西方的宗教传统,生命神圣论的观点颇为流行。生命质量论则肯定安乐死具有伦理价值,突出强调了人权和人的社会价值的重要性，认为人具有社会属性，因此一方面人必须保证最低限度的生命质量才有必要继续存活；另一方面人具有社会价值，当社会价值被破坏时，人的生命质量就失去了意义，人有选择结束自己生命的自由。很显然，生命质量论还逻辑地蕴含了另外两种被称为生命尊严说与生命自主权说的观点。因为当人由于自己的社会价值遭到破坏而选择结束生命时，事实上就是违背生命神圣论所认同的"神律"而作出的选择，同时这种追求生命质量的做法，也可以被看作是维护生命尊严，如中国儒家文化中的"舍生取义"和西方的"为真理而献身"。

3.2 救死扶伤原则与减轻痛苦原则之争

在医学伦理实践中对安乐死的反对与支持主要反映了两种医学伦理原则，即救死扶伤原则与减轻痛苦原则之间的矛盾。救死扶伤原则自古以来都是医家的根本行为准则和职业道德。被医务人员奉为操守准则的《希波克拉底宣言》明确表示"我绝不会对要求我的任何人给予死亡的药物，也不会给任何人指出同样死亡的阴谋途径"。成立于1947年的世界医学协会在充分肯定该誓言的基础上，制定了日内瓦法规，强调医生必须以保护生命为己任。因此恪守救死扶伤原则的人们认为安乐死违背救死扶伤原则，是变相剥夺他人生命、有悖于医生的职业道德的行为。减轻痛苦原则也是医学伦理实践中的一条重要原则，医生的职责除了治愈疾病还包括为病人减轻痛苦。安乐死的支持者认为，医生应该为患者治疗疾病和减轻痛苦，当患者患有不可治愈的疾病并遭受极其痛苦的折磨时，使其结束痛苦无痛死亡亦是减轻痛苦，这是人道的行为。因而任由那些身患无法治愈的疾病而又面临死亡的患者饱受病痛与医疗手段的折磨，医生却无动于衷，这才是不人道的，才是有悖于医生职业道德的。因而现代医生的职责不仅在于"挽救生命"，还在于采取一切必要措施来减轻或免除病人的痛苦，以表现对病人的深层伦理关怀。

3.3 资源浪费与合理分配之争

在关于安乐死的争论中资源的分配一直是争论的一个焦点。安乐死的支持者认为社会的人财物等资源十分有限，将大量资源用于救治那些患有不可治愈病症的人，或者用于维持那些植物人以及重残儿童的生命，实质上是一种对医疗资源的浪费，破坏了社会公正。而允许患有不可治愈病症者或植物人等的安乐死则能使一部分医疗资源被节省下来，从而用于更需要医疗救助的人。反对安乐死的人则认为，虽然社会的人财物等资源非常有限，但如果以"节约资源"为名为患有不可治愈病症者或植物人实施安乐死，则可能导致对人的功利化理解，而且每个人都是社会的组成部分，每个人理当享受基本的生存权利，以"节约资源"为名使不可治愈者或植物人安乐死强制性地剥夺了他们的基本生存权利，恰恰破坏了社会公正。

3.4 尊重人权与情景选择之争

20 世纪 70 年代以来，有些学者将自愿安乐死限于承受难以忍受痛苦、自愿谋求死亡的绝症病人，认为患者拥有选择安乐死的权利，因此必须尊重他们的安乐死意愿，才能体现对患者的伦理关怀。但是也有学者出于境遇伦理学的考虑，主张人总是处于一定情境或境遇之中，并从这种情境或境遇出发做出自己的伦理决策，从而对患者的安乐死意愿的真实性提出诸种质疑：

第一，每一个人都有活下去的权利，活着总比死要好。

第二，自愿难以确定，一个患者在疼痛发作或因服用药物而精神恍惚或抑郁时表示的意愿是否可以算数？在疼痛缓解或意识清醒时，患者很可能又会放弃他的安乐死请求。

第三，患者受到医生诊断的影响，有了某种绝望的意愿，但如果这种诊断是错误的，这又意味着什么。

因此，有学者提出，应当谨慎对待安乐死，不可轻易肯定其价值，也不能武断地否定其价值。

3.5 中国传统"孝道"与现代亲情理念之争

在中国的安乐死讨论中，支持与反对的伦理之争主要表现为传统"孝道"与现代亲情理念之争。反对安乐死者认为，安乐死的适用对象主要是老年人群体和病患者，以孝悌为基础的传统道德要求子女和亲属必须对患有重病的父母和其他亲属细心侍奉直到病人生命结束，而出于减轻痛苦致亲人速死的安乐死则有可能使子女背上"不孝"的罪名，这容易对中国以家庭为核心的社会传统伦理模式构成严重威胁，导致"血浓于水"的亲情纽带断裂。安乐死的支持者则坚持认为传统"孝道"与现代安乐死在意蕴上不能相容，因为现代安乐死本身就是人的现代亲情理念的表现，即家庭中各成员之间的权利平等，子女和父母都拥有对自身生存利益的决定权利，当遭受不可治愈的疾病折磨、难以忍受病痛的情况下，父母本人拥有选择安乐死的权利，子女尊重父母本人的意愿才是孝顺父母；而且现代亲情理念还认为子女应注重在长辈生前关心长辈、尊重长辈、提高长辈生活质量，这样才是真正的"孝"的表现，否则只能表明子女的自私自利。

二、我可以一直做主到底吗？

面临生存与尊严，必须了解自己在乎什么。当自己能决定时，不要轻易放弃自己的决定。生死之事，古今必然经历，永远别以为轮不到自己，而拒绝思考与准备。

老化其实是给自己的提醒，是值得庆幸的事。有多少人等不及老化，便丧生意外。面对老化，如果我们能够选择如何善终，则比许多人都幸福。不要避讳思考往生后的事，这是一生中难得的自己选择结局的权利。

无论好死或是赖活，当一切能由自己抉择，何尝不是一种幸福呢？然而，在复杂的现实生活中，我们真的可以做主到底吗？

1. 勇敢"说"的人

签署"生前预嘱"，以掌握自己的生命归途。这个既陌生、厚重又前沿的理念，源于全世界热议已久的话题。生前预嘱是指人们事先，也就是在健康或意识清楚时签署的，说明在不可治愈的伤病末期或临终时要或不要哪种医疗护理的指示文件。

一个走到生命尽头的人，不能安详离去，反而要忍受心脏按压、气管插管、心脏电击以及心内注射等惊心动魄的急救措施。即使急救成功，往往也不能真正摆脱死亡，而很可能只是依赖生命保障系统维持毫无质量的植物状态……"生前预嘱（Living will）"在许多国家和地区正在帮助人们摆脱这种困境。在中国，越来越多的人也希望能够通过"生前预嘱"的方式说出自己的心声。

1.1 写给儿子和儿媳的一封公开信

79岁的台湾知名作家琼瑶女士2017年3月12日在个人"脸书"（Facebook）发布《写给儿子和儿媳的一封公开信》，文中表明自己支持安乐死，采用花葬形式，并向亲人叮嘱最后的"急救措施"全部不需要。"生时愿如火花，燃烧到生命最后一刻。死时愿如雪花，飘然落地，化为尘土！"她表示，自己是抱着正面思考写下这封信，对于牢不可破的生死观，现在也该到改变的时候了。

亲爱的中维和琇琼：

这是我第一次在脸书上写下我的心声，却是我人生中最重要的一封信。

《预约自己的美好告别》是我在《今周刊》里读到的一篇文章，这篇文章值得每个人去阅读一遍。在这篇文章中，我才知道《病人自主权利法》已经立法通过，而且要在 2019 年 1 月 6 日开始实施了！换言之，以后病人可以自己决定如何死亡，不用再让医生和家属来决定了。对我来说，这真是一件太好太好的喜讯！虽然我更希望可以立法"安乐死"，不过，"尊严死"聊胜于无，对于没有希望的病患，总是迈出了一大步！

现在，我要继沈富雄、叶金川之后，在网络公开我的叮咛。虽然中维一再说，完全了解我的心愿，同意我的看法，会全部遵照我的愿望去做。我却生怕到了时候，你们对我的爱，成为我"自然死亡"最大的阻力。承诺容易实行难！万一到时候，你们后悔了，不舍得我离开，而变成叶金川说的"联合医生来凌迟我"，怎么办？我想，你们深深明白我多么害怕有那么一天！现在我公开了我的"权利"，所有看到这封信的人都是见证，你们不论多么不舍，不论面对什么压力，都不能勉强留住我的躯壳，让我变成"求生不得，求死不能"的卧床老人！那样，你们才是"大不孝"！

今天的《中国时报》有篇社论，谈到台湾高龄化社会的问题，读来触目惊心。它提到人类老化经过"健康→亚健康→失能"三个阶段，事实上，失能后的老人，就是生命最后的阶段。根据数据显示，台湾失能者平均卧床时间，长达七年，欧陆国家则只有2周至一个月，这个数字差别更加震撼了我！台湾面对失智或失能的父母，往往插上维生管，送到长照中心，认为这才是尽孝。长照中心人满为患，照顾不足，去年新店乐活老人长照中心失火，造成6死28伤惨剧，日前桃园龙潭长照中心又失火，造成4死11伤的惨剧！政府推广长照政策，不如贯彻"尊严死"或立法"安乐死"的政策，才更加人道！因为没有一个卧床老人，会愿意被囚禁在还会痛楚、还会折磨自己的躯壳里，慢慢地等待死亡来解救他！可是，他们已经不能言语，不能表达任何自我的意愿了！

我已经79岁，明年就80岁了！这漫长的人生，我没有因为战乱、贫穷、意外、天灾人祸、病痛……种种原因而先走一步。活到这个年纪，已经是上苍给我的恩宠。所以，从此以后，我会笑看死亡。我的叮嘱如下：

一、不论我生了什么重病，不动大手术，让我死得快最重要！在我能作主时让我作主，万一我不能作主时，照我的叮嘱去做！

二、不把我送进"加护病房"。

三、不论什么情况下，绝对不能插"鼻胃管"！因为如果我失去吞咽的能力，等于也失去吃的快乐，我不要那样活着！

四、同上一条，不论什么情况，不能在我身上插入各种维生的管子。尿管、呼吸管、各种我不知道名字的管子都不行！

五、我已经注记过，最后的"急救措施"，气切、电击、叶克膜……这些，全部不要！帮助我没有痛苦地死去，比千方百计让我痛苦地活着，意义重大！千万不要被"生死"的迷思给困惑住！

我曾说过："生时愿如火花，燃烧到生命最后一刻。死时愿如雪花，飘然落地，化为尘土！"我写这封信，是抱着正面思考来写的。我会努力地保护自己，好好活着，像火花般燃烧，尽管火花会随着年迈越来越微小，我依旧会燃烧到熄灭时为止。至于死时愿如雪花的愿望，恐怕需要你们的帮助才能实现，雪花从天空落地，是很短暂的，不会飘上好几年！让我达到我的愿望吧！

人生最无奈的事，是不能选择生，也不能选择死！好多习俗和牢不可破的生死观念锁住了我们，时代在不停地进步，是开始改变观念的时候了！

生是偶然，死是必然。

谈到"生死"，我要告诉你们，生命中，什么意外变化曲折都有，只有"死亡"这项，是每个人都必须面对的，也是必然会来到的。倒是"生命"的来到人间，都是"偶然"的。想想看，不论是谁，如果你们的父母不相遇，或者不在特定的某一天某一时某一刻做了爱，这个人间唯一的你，就不会诞生！更别论在你还没成形前，是几亿个王子在冲刺着追求一个公主，任何一个淘汰者如果击败了对手，那个你也不是今日的你！所以，我常常说，"生是偶然"，不止一个偶然，是太多太多的偶然造成的。死亡却是当你出生时，就已经注定的事！那么，为何我们要为"诞生"而欢喜，却为"死亡"而悲伤呢？我们能不能用正能量的方式，来面对死亡呢？

当然，如果横死、夭折、天灾、意外、战争、疾病……这些因素，让人们活不到天年，那确实是悲剧。这些悲剧，是应该极力避免的，不能避免，才是生者和死者最大的不幸！（这就是我不相信有神的原因，因为这种不幸屡屡发生。）如果活到老年，走向死亡是"当然"，只是，老死的过程往往漫长而痛苦，亲人"有救就要救"的观念，也是延长生命痛苦的主要原因！我亲爱的中维和琇琼，这封信不谈别人，只谈我——热爱你们的母亲，恳请你们用正能量的方式，来对待我必须会来临的死亡。时候到了，不用悲伤，为我欢喜吧！我总算走完了这趟辛苦的旅程！摆脱了我临终前可能有的病痛！

无神论等于是一种宗教，不要用其他宗教侵犯我。

你们也知道，我和鑫涛，都是坚定的"无神论者"，尤其到了晚年，对各种宗教，都采取尊重的态度，但是，却一日比一日更坚定自己的信仰。我常说："去求神问卜，不如去充实自己！"我一生未见过鬼神，对我来说，鬼神只是小说戏剧里的元素。但是，我发现宗教会安慰很多痛苦的人，所以，我尊重每种宗教，却害怕别人对我传教，因为我早就信了"无神论教"！

提到宗教，因为下面我要叮咛的，是我的"身后事"！

一、不要用任何宗教的方式来悼念我。

二、将我尽速火化成灰，采取花葬的方式，让我归于尘土。

三、不发讣文、不公祭、不开追悼会。私下家祭即可。死亡是私事，不要麻烦别人，更不可麻烦爱我的人——如果他们真心爱我，都会了解我的决定。

四、不做七，不烧纸，不设灵堂，不要出殡。我来时一无所有，去时但求干净利落！以后清明也不必祭拜我，因为我早已不存在。何况地球在暖化，烧纸烧香都在破坏地球，我们有义务要为代代相传的新生命，维持一个没有污染的生存环境。

五、不要在乎外界对你们的评论，我从不迷信，所有迷信的事都不要做！"死后哀荣"是生者的虚荣，对于死后的我，一点意义也没有，我不要"死后哀荣"！后事越快结束越好，不要超过一星期。等到后事办完，再告诉亲友我的死讯，免得他们各有意见，造成你们的困扰！

"活着"的起码条件，是要有喜怒哀乐的情绪，会爱懂爱、会笑会哭、有思想有感情，能走能动……到了这些都失去的时候，人就只有躯壳！我最怕的不是死亡，而是失智和失能。万一我失智失能了，帮我"尊严死"就是你们的责任！能够送到瑞士去"安乐死"更好！

中维，琇琼！今生有缘成为母子婆媳，有了可柔可嘉后，三代同堂，相亲相爱度过我的晚年，我没有白白到人间走一趟！爱你们，也爱这世上所有爱我的人，直到我再也爱不动的那一天为止！

我要交待的事，都清清楚楚交待了！这些事，鑫涛也同样交待给他的儿女，只是写得简短扼要，不像我这么唠叨。不写清楚我不放心啊！我同时呼吁，立法"尊严死"采取"注记"的方式，任何健康的人，都可在"健保卡"上注记，到时候，电脑中会显示，免得儿女和亲人为了不同方式的爱，发生争执！

写完这封信，我可以安心地去计划我的下一部小说，或是下一部剧本！可以安心地去继续"燃烧"了！对了，还有我和我家那个"猫疯子"可嘉，我们祖孙两个，正计划共同出一本书，关于"喵星人"的，我的故事，她的插图，我们聊故事就聊得她神采飞扬，这本书，也可以开始着手了！

亲爱的中维和琇琼，我们一起"珍惜生命，尊重死亡"吧！切记我的叮咛，执行我的权利，重要重要！

你们亲爱的母亲琼瑶
写于可园
2017 年 3 月 12 日

1.2 示儿书

晓俊、王瑾：

国华、晓悦：

你们好：

我用书信与你们谈心，说明郑重其事。相信你们在略感意外之后，也会认真对待。

首先我要感谢你们多年来对我的悉心照料，对我一切举措的理解和支持。你们的孝心是所有亲友都一致赞誉的。为此，我极感欣慰。正是基于此，我也就深信你们会按照我所要求的照办。

我已是耄耋之年，离你们而去是迟早的事，虽然舍不得你们，舍不得这幸福生活，但自然规律是谁也无力抵抗的。我对此淡然处之，希望你们也要有足够的思想准备。

为此，我现在就作如下交代。

一、我不知最后是哪个病魔夺走我的生命，你们不必尽力去与她抗争，不必为我作徒然的抢救，与其没有生活质量的苟延残喘，不如让我有尊严地安然离去，我不愿浪费社会资源，浪费国家财力，也不愿让你们精疲力尽。你们不必为此自责。如果政策上已允许"安乐死"，那就早早替我提出申请。

二、我已办理了遗体捐献手续。在适当的时候，你们尽早与有关单位联系，千万别耽误了有效时机。但愿除了眼角膜之外，还有其他器官可供利用。实在不行，就供解剖之用。这是我对社会、对国家的最后奉献。有关人员会向我鞠躬致敬的。你们不必为此不安，而应在观念上顺时而进。

三、在这之前先替我剪下一绺头发，剪下手指甲，用那条印有"光荣之家""上海市嵩山区人民政府优抚工作委员会"字样的毛巾装好，那是 1951 年春节嵩山区人民政府慰问军属、工属的礼品，我从未使用，珍藏至今，然后上置"上海市人民政府"颁发的"工属证明书"（工字000873）。他们是我当年投身革命的最珍贵的纪念，当然应该伴我而去。

四、无须发讣告，设灵堂，举办追悼会，一切从简。不要兴师动众惊动亲友，也不要给组织增添麻烦。

五、当年你们在安葬母亲的同时，为我购置了寿穴。我拗不过你们的孝心，只得同意，如今我只能要求你们今后在谒墓时，不必操办供品，不要燃香烧纸。一切形式都是无谓的。没有那些，我们在九泉之下仍能感受你们的孝心。

其实，所有这些，我们都曾有所交流，只是现在作进一步强调，因此，我重申我的坚信。

最后，再次向你们表示谢意，再次祝福你们一生平安，生活幸福美满。

父字

上海市黄浦区徐家汇路 × 弄 × × 室

1.3 生命的五个意愿

在江苏省老年病医院病房里，70岁的退休教师殷惠铭签下了一份生前预嘱：当生命支持只能延长死亡过程时，放弃心肺复苏、放弃使用呼吸机、放弃使用喂食管、放弃输血、放弃使用昂贵抗生素。

退休老师 殷惠铭
谈到我们不需要任何的抢救
江苏广电融媒体新闻中心

为什么要签这样一份生前预嘱？殷老师说，一年多以前，老伴肺癌晚期，全家开了一次家庭会议，"老伴说不需要进行任何抢救，最后他平静地走了，不显得有多大的痛苦。"

老伴平静而有尊严地离开，给了殷惠铭很大的感触。患结肠癌六年，她时常思考：人生最后一程，应该以怎样的姿态离开？

"让别人来决定你的权利，有的时候是吻合的，有的时候不吻合，可能是相反的。所以，我就想能够自己做主、自己选择，自己决定来做好最后一件事。"殷惠铭说。

对于父母的选择，殷惠铭的儿子叶先生表示，尊重他们的意愿。

《生前预嘱》是一份本人清醒时自愿签署的文件，

通过这份文件，签署人可以明确表达本人在生命末期，希望使用何种医疗照顾，包括是否使用生命保障系统，比如气管切开、人工呼吸机、心脏电击等积极的"有创抢救"，以及如何在临终时尽量保持尊严。

2. 勇敢"做"的人

2.1 活这么久，我非常遗憾

2018 年 5 月，包括 BBC、CNN 在内的全球知名媒体的目光，全都聚焦于一位 104 岁的老人。不是因为他做出了什么轰动世界的大事，而是 104 岁的他选择去死，却久久不能如愿。生日庆祝会上，吹灭蜡烛后老人湿润了眼角对着亲友们动情地说道："我非常遗憾活到这个年纪。"

 Daily Express ✔ @Daily_Express · 36分
突发：104岁英国科学家大卫·古德尔在瑞士结束了生命

今天，举世闻名的英国科学家大卫·古德尔在瑞士的一家诊所去世，享年104岁。这位英国出生的科学家……

回看老人的一生，不能不说是辉煌的一生。104年前，他出生时恰巧一战爆发，母亲抱着他东躲西藏，幸运地躲过一枚枚头顶飞来的炸弹。二战时，血气方刚、已获伦敦帝国理工学院博士学位的他决定参战，背着导师参加海军体检，不料还是被导师发现。导师冲到国防部，跟那儿的官员据理力争："你不能带走我的研究人员，他的研究比世界战争重要得多。"

就这样幸运"躲"过两次世界大战的 David Goodal，34岁那年，被墨尔本大学聘为高级讲师，从此移居澳大利亚。结婚生子，一过就是70余年，除了家庭生活，他把绝大多数时间投入工作与研究，在生态学领域是世界闻名的学者。他一生获得三个博士学位，撰写了100多篇研究论文，并荣膺澳大利亚勋章。

65 岁，在别人退休的年纪，他依旧笔耕不辍，编著《世界生态系统》30 卷，还兼顾审核来自世界不同国家的 500 多篇著作。2014 年，整整 100 岁时，他还在 SCI 期刊上发表论文。然而 102 岁那年，在埃迪斯科文大学工作 20 多年的他，却遭遇了人生中最大的危机。学校以年事已高、身体安全为由，对他婉言相劝加各种暗示："老家伙，赶紧收拾东西走人！""你上一次班，通勤时间就要 90 分钟，学校担心你的通行安全。"就这样简单的理由，他们禁止 David 再到学校上班。这对一生都将热情投入科学研究的老人而言，无异于晴天霹雳，他伤透了心，据理力争，"我还有工作的热情和能力，你们这是年龄歧视。"

　　幸运的是，老人得到了全球媒体的声援：年龄

不应成为工作的障碍。他幸运地为自己争取到继续工作的机会。只不过学校把他换到离家较近的校区，保留职位，没有薪水，一个小房间，一台电脑，一个打印机，这就是他的全部。如此一来，老人再也见不到自己的同事，丧失了与他人精神交流的机会，狭小闭塞的空间也让他的身体状况急转直下。从此他郁郁寡欢，几个月前，老人在公寓的卧室摔倒，无法站起来的他，在公寓冰冷的地上躺了两天。直到被清洁工发现送往医院，医生却警告他：不能再私自坐公交，甚至不能单独过马路。

"如果活着什么都做不了，那跟死了有什么区别？与其苟且活着，不如有尊严地死去。"

然而尝试自杀三次，老人醒来都会看到医院的天花板。绝望之中，他向澳大利亚政府申请安乐死。结果却被告知：全世界绝大多数国家都禁止安乐死，澳大利亚也不例外，不过维多利亚州刚通过安乐死合法的法案。但这一法案要到 2019 年 6 月才开始生效，并且只有生命不足 6 个月的绝症患者才能申请。David 显然不符合申请条件，但老人不愿意再等了。他把自己的想法告诉亲人和朋友，亲友们都纷纷表示理解。"David 是一个非常非常聪明的人，他希望进行聪明的谈话，希望一辈子能独立做事，而不想躺在床上，身边一直有人照顾他。"

但放眼全球，有尊严地结束生命，没那么容易。目前，全世界只有荷兰、比利时、卢森堡、哥伦比亚、加拿大、澳大利亚（维多利亚州）、美国（仅六个州）安乐死合法化，且条件相当苛刻，均是绝症生命所剩无几的情况。仅瑞士超越这一范畴，只要目的不自私，就可自愿接受安乐死，而且接受外国人的申请。

终于在 2018 年 5 月 2 日，澳大利亚珀斯国际机场，老人坐在轮椅上同家人一一告别，在自己心爱的国家死不了，他只有飞赴异国接受死亡。老人同自己的孙子告别，这一幕在不明所以的外人眼中，看着温情，殊不知这是一趟有去无回的"旅行"。瑞士时间 5 月 10 日 10 点，老人自愿接受安乐死，平静地走完一生。

2.2 一生的相守

1944 年，乔治还是一名英俊的海军，浪荡不羁、多才多艺的他颇受异性的追捧。

但当他第一次见到明媚娇艳的雪丽，他整个人瞬间蒙在那里。"在那之前，我从不相信一见钟情。"

如童话一般的相遇，让乔治认定：她就是自己这辈子要厮守一生的女人。仅仅相识 6 天，乔治就向雪丽求婚，而雪丽竟鬼使神差地答应了。

如果说喜欢是一见钟情，那爱就是细水长流。两人看似草率的决定，却执子之手再没放过，一起

走过 73 年风风雨雨。哪怕岁月流逝红颜不再，他还是昔日多情的少年。

　　每年的结婚纪念日，乔治都会提前为雪丽精心准备别样的惊喜。73 年了，每年都如此，每年都不同。今年，乔治送给雪丽亲自栽种的粉玫瑰，明媚的春光下，她笑靥如花。爱，从来不是单方的付出。

每年乔治的生日，雪丽都会亲手为他制作蛋糕，今年因为糟糕的身体状况，没能实现，雪丽难受了好些日子。从前车马很慢，书信很远，一生只够爱一个人。一晃两人已步入钻石婚的年纪。眼看儿孙满堂，家庭和睦，两位老人都感慨这是几世修来的福气。

然而世间所有的美好，都有尽头。94 岁的雪丽身体每况愈下，开始被类风湿关节炎折磨，手肿胀到发紫。紧接着心脏又出了问题，2016 年她心脏病发作，差点死在手术室。医生几次极限抢救，才把她从鬼门关拉回。"那次父亲不吃不喝守在手术室外，老泪纵横，哭得像个孩子。等到能进病房时，他进去一把拉住老妈的手，'我求你不要走，失去你，我不知道该怎么活下去'。"

而意识尚处在朦胧状态的雪丽，用微弱的声音回应：我梦见有人拉着我的身体沉入湖底，但忽然间想起了你，我还没跟你散步、看夕阳，我告诉那个人"我不会丢下乔治，一个人走"。因为病痛，好端端一个人只能躺在病床上呻吟，这让两位老人心里都十分难受，他们开始认真考虑"死亡"这个问题。

想想余生只能躺在病床上的凄凉，两位老人都忧心忡忡，终于有一天，他们忍不住拉起对方的手，挂着拐杖出门散步。这一路走了很久，聊了很多，在轻柔的春风吹拂白发那一刻，两位老人做了一个共同的决定。

愿与卿相守，不求同生，但愿共死，生生世世，永不分离。

而彼时加拿大恰好 2 年前通过了《医生协助死亡合法化》，经过两位医师的评估，两位老人糟糕的身体状况符合安乐死的标准。对两位老人而言，死亡已不可怕，可怕的是在人生的尽头，相守一生却不能彼此守望到头。

当他们把这一决定告诉儿女，起初儿女都难以接受，"然而没了对方，他们又根本活不下去"。经过几天艰难的思想斗争，儿女决定尊重爸妈的想法。

到了要告别的时候，71 岁的女儿，69、60、54 岁的儿子，孙子辈和其他亲戚分别从越南、挪威、瑞士等地飞来。在烛光摇曳中，他们吃过最后一次晚餐，再次向孩子讲起两人初遇的时候，尽管，这些美好的际遇说了无数次，但这次，真的是最后一次了。跟可爱的孩子们一一告别，送上他们心底的祝福。最后一点时光，留给彼此。

晚上 7 点钟的时候，雪丽转头问丈夫："你准备好了吗？"

"你准备好，我就好了。"说完乔治给雪丽深深的一吻。

说话间，两人紧紧握着手臂，努力彼此靠近，感

受最后一次共同呼吸，最终满脸幸福地携手走进天堂。现实中有太多婚姻，还没经历衰老、疾病，便已不堪一击，而这对几十年如一日的伉俪，直到生命的尽头，也不愿放开彼此的手。

如此的深情，连英国女王都为之动容，送上她最真挚的祝福。

汤显祖在《牡丹亭》中说：情不知所起，一往而深，生者可以死，死者可以生。但不得不承认：这样超越生死的爱，世间罕有。唯愿你"莫珍惜不该珍惜的，轻易放弃不该放弃的"。

三、亲人的最后一刻，应该如何抉择？

根据我国《医疗机构管理条例》第三十三条规定，医疗机构施行手术、特殊检查或者特殊治疗时，必须征得患者同意，并应当取得其家属或者关系人同意并签字；无法取得患者意见时，应当取得家属或者关系人同意并签字。根据法律的规定，在患者生命垂危之时，医院必须获得家属的签字才能执行治疗的使命，家人起了决定性的作用。

看见亲人受苦，是世界上最难受的事，躺在床上什么都不能做，不能说话不能吃饭，无论对于家人还是自己都是煎熬。虽然我们都知道这样的生命毫无质量可言，但是谁又能轻松地做出放手解脱的决定呢？

突然被推到前线去面对家人的死亡，不是一件你曾经预想过的事。但是现实情况却把你暴露在了两难的境地，在当时混乱的情况下，你必须立即反应与决定，你不是专业的医疗人员，只能凭着仅有的讯息作出判断，选择延续家人的生命，还是放手给予家人有尊严地离世？也许任何一种抉择都会留下悔恨和遗憾。

1. 最后的爱情，会是怎样的抉择？

1.1 让爱人有尊严地走

72 岁的阮怀恩，曾经是个老师。

56 岁那年，有天他做饭。做好了一个汤后，他忘记了，又做了一个汤。他爱人吴开兰敏感地察觉不对，早早地发现了他的病情。

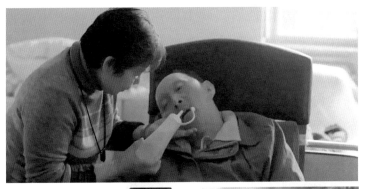

这个是退休以后
我女儿说带他出去到
印度尼西亚的巴厘去玩
我女儿说 这次不去
以后没有机会去了
这些照片对我们一家
是很宝贵的

　　他也是为数不多的，在早期就开始治疗的阿尔
茨海默病人。症状慢慢多起来，女儿预知老爸未来，
坚持带他去巴厘岛玩了一次。他们拍了很多照片。
这些照片，成了一家人的宝贵记忆。

　　阮怀恩一病就是 16 年。爱人吴开兰一守，也是
16 年。

　　她每天像上班一样，拉着行李去医院照顾老伴，
给他洗脚，喂饭，跟他说话，伺候得十分周全。

　　阮怀恩已经什么都不记得，但吴开兰也总拿出

外孙的照片给他看。晚上回家，她会把两个小玩偶放在床上，觉得那就像她和爱人在一起。这对夫妻，年轻时感情很好。吴开兰记得他们很多的幸福时光。而这份不灭的爱，是吴开兰兢兢业业照顾爱人 16 年的最大动力。

而阮怀恩一天不如一天，一年不如一年。

渐渐地，他什么都不会了，也什么都不记得了，完全处于新生婴儿状态。

2018 年 5 月，他肺部严重感染，生命垂危，面临"要不要插管"的艰难选择。插管，也许能延续生命，但要承受巨大痛苦；不插管，就意味着，他要永远离开了。

吴开兰非常纠结，她说：我不在乎外界的评论，但在乎自己的问心无愧。这一点我非常在乎。最后，她痛苦地做出决定：让爱人平静、有尊严地走。

她不知道这个相伴了一生的爱人，同不同意自己的决定，忍不住抱着他哭：老阮啊，你听吴开兰的，我们不要插管，弄得你痛苦，我也痛苦。

她说：你先去，去那边弄弄干净，我回头就来找你了，你放心，我一定不会让你一个人的……女儿的小孩我会帮你带好，我会告诉她，外公是个老师……

最后的时刻，吴开兰给老伴刮好胡子，擦干净身体，穿上西装，72 岁的阮怀恩就这样平静地走了。对一个认知障碍 16 年的老人来说，晚年能得到这么好的陪伴和照料，实在是极大的福分了。

然而，面对老伴的离世，吴开兰心中还是把她的这个决定视为了最大的遗憾，她无法知道老伴阮怀恩是否认同她替自己作出的这个决定。老伴去世了，吴开兰内心也完全空了，在面对新的生活时她经受着巨大的痛苦。

2. 当"孝"迎来生死伦理的终极考验，你该如何抉择？

2.1 父母走了，我们直面死亡

2019 年微博热搜有这么一个话题，《我家那闺女》的节目中，32 岁的演员焦俊艳和 47 岁的演员高亚麟一起吃饭聊天时，高亚麟说的一段话：

"父母是我们和死神之间的一堵墙，父母在，你看不见死神，父母一没，你直面死亡。"

有父母在的时候，很多现实和琐碎的东西我们都可以忽略，因为父母会帮我们解决，帮我们阻挡，替我们去操心。什么生老病死，白发苍苍，握手言和，都是相离很远的问题，反正有数不完的来日方长。可一旦父母去了，一切都变得不一样，你曾不在乎的都会成为你最心痛、最遗憾的。

年纪越大，越怕老，怕死，怕挡在死神之间那道墙轰然倒塌。

有时候人懂事，并非是在经历错误后的醒悟，还有被无私包容呵护的感触。年轻时，稍微遇到不顺心就喜欢把所有的一切责任推到父母身上，只因他们不反抗，最好欺负，而且不管你怎么欺负，他们都会无条件地包容和原谅。也许在你朝着他们大吼大叫时，他们会赌气地摔下一句："你想怎样就怎样，我不管了。"但下一秒，你只要轻轻应一句："我饿了！"他们就会屁颠屁颠地走进厨房煮一碗热气腾腾的鸡蛋面条。当有一天你说我饿了，厨房里再也没有那个身影时，才明白来日再方长也长不过白发苍苍。

父母一没，你就直面死亡，面对一抔黄土，一座墓碑，一切的一切都显得特别的苍白无力。

每个中年人都是从年少时走过的，他们也曾是他们父母眼中的宝贝，也曾是有人疼会撒娇的孩子，也曾有父母为他们遮挡风雨忧伤。不管多少岁，父母健在，才会有家的归属感。父母走了，就意味着挡在死亡之间的那道墙没了。这时候最怕自己不够健康，倒不是怕死，而是特别清楚只有自己健在，孩子才会远离死神的威胁。

父母在，人生即有来处；父母去，人生只剩归途。

面对生命垂危、希望渺茫的父母，你会选择让他们插管或许能短时间延续，还是不插管尽可能减少痛苦，安静体面地走……

有时候想让生命垂危的父母留在世上的，只是子女亏欠的孝顺，而非自身意愿，毕竟子女也不愿意看见父母承受如此多的痛苦。许多子女，在最后的最后，只希望长辈活着就好，只要长辈还活着，心中就会有信念，那些还没有来得及的孝顺就还有机会，然而这种无质量的延长生命，不仅消耗子女自身的精力与金钱，也折磨了床上的病人。

2.2 成为负担的"爱"

根据调查统计，北欧地区民众从失能到死亡，平均时间为 2 周至 1 个月，但国人从卧床至去世，平均时间却长达 7.6 年（引用自苹果即时，2016 年 8 月 15 日，国泰人寿与天下文化统计）。

当父母的长寿不完全是享受，那么留给子孙的，到底是福还是祸？

　　父母多年的操劳与拼命，好不容易熬到退休。然而此时，遇到身体的长期疾病，不再像以前那般充满活力，反而是一而再再而三地跑医院。又或是不再像以前一样，能够自己照顾自己。

　　曾经理所当然的健康，随着年纪与生理条件而不能控制；曾经由自己照顾的家庭，变成必须让家人照顾自己。

　　这个时候，受苦的是自己，还是照顾者？

　　看护病人，或许只是耗费一段时间。但长期看护，除了照顾之外，更困难的是长期。从社会分工来看，专业看护若是一个人的工作，通过长期对他人的看

护，能让自己得到金钱与成就感的提升，与此同时得到别人的尊敬与看重，那理所当然是件有意义的付出。然而如果是家属的全职照料，是否又是一种社会资源的浪费呢？很多父母将子女培养成高级知识分子，成为了社会的栋梁之才，但当父母久病在床子女不得不抽身长期全职照顾时，社会角色的分配是否合理？社会资源是否有所浪费呢？

当长期看护成了家人的工作，不但看护服务不够专业化成为一大难题，并且看护家属心里承受的压力可能远大于卧病在床的病人。

中国有句古话"久病无孝子"，这又是多少家庭所面临的无奈和心酸。

如果为了照顾家人的生活起居，失去自己的自由与时间，甚至影响到自己小家庭的和谐美满，很难有人可以坚持到最后。毕竟，再多的孝道也经不起时间的摧残，再多的爱也经不起长期的磨损。

2.3 人生就像一根蜡烛，两头都在烧

纪录片《人间世 2》第七集，讲的是阿尔茨海默症老人的故事，片子很平静，但又惹哭了无数人。阿尔茨海默症，就是老年痴呆。这个病，高发，又残酷，像一个不动声色的狠心的贼，悄悄地、缓慢地把一个个老人从这世界带走。而那些被命中的人，

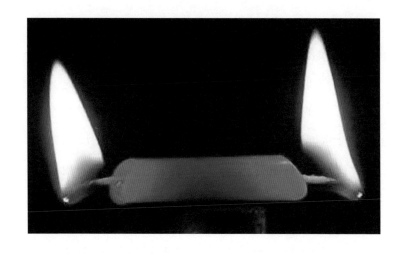

毫无反击之力，只能束手就擒，任疾病摆布。

他们渐渐开始遗忘，糊涂，衰弱、瘫倒……有人不断走丢。有人刚吃完饭就忘了。有人拿牙膏给家人打电话。有人瘫痪在床，忘了所有。有人无比脆弱，动不动就哭鼻子……

其中一位患有阿尔茨海默症的老人叫付更生，73岁，大庆油田第一代石油工人，他患了脑血管性认知障碍。除了爱哭，还烦躁、吵闹、打人。起初是老伴和儿子24小时轮流在医院护理他。几个月后，老伴撑不住，也住了医院，只剩儿子付刚一个人连轴转。付刚孝顺，也细心，总像哄小孩一样哄着老爸，跟他顶头、比赛、掰手腕。老爸依恋他，一会儿不见就拍着床叫儿子。这边老爸离不开，那边他女儿就要高考了。

他说："人就像一根蜡烛，两头都在烧。"

有人告诉付刚，这个病可能一照顾，就是十年。付刚自嘲，都说"孝子难装"，但他准备"装"上十年。这话听起来简单，但换成谁，也是需要想想的。付刚47岁，正是事业的鼎盛期，10年后他57岁，基本就该退休了。别人都劝他为自己考虑考虑。他说确实是矛盾，可现在老爸太需要他了啊。他在小酒馆里要了一瓶白酒，淡淡地说："我先按大家的规划，然后再规划我自己吧。"

简单几句话，饱含了一个中年人的多少无奈和辛酸。

2.4 我送爸爸离开这个世界

傅达仁，台湾家喻户晓的体育主播，做过篮球运动员、教练、记者、主播，2018 年 6 月 7 日，成为亚洲第一位安乐死的人。不久后，傅老先生临终安乐死画面曝光。其子傅俊豪讲述了傅老先生离世前最后的故事——

我对父亲的第一印象是高大，他以前是篮球运动员，又当过教练，身体非常健壮。而且性格直爽，很容易交到朋友。还记得小学三年级的时候，早上 7 点，他就把我从床上挖起来，拿着一根比我还高的棍子，训练我去对面的体育场跑步。

小时候叛逆期，我头发留很长，他押着我去剪头发，我觉得很委屈，现在才意识到，当时真的很不懂事。我出生的时候，爸爸已经接近 60 岁了，他教育我要多陪伴家人，百善孝为先，孝就是顺，教我不要总是顶嘴。其实他没有要很多，他就是希望家人多陪在身边。他喜欢看全家人一起吃饭，喂饱我们。吃饭的时候就讲他以前的故事。1949 年 8 月，他和南京的同学逃到广州，上了定期往返港台的"四川轮"，撤到台湾。爸爸爱吃香蕉，他说小时候内地没有香蕉，只在图画上见过，当时从船上下来，身上仅有的两个袁大头，一个立即被拿去换了一串香蕉。香蕉用报纸包起来，怕被同学抢走。其实还是分给同学吃的。

　　十几岁的时候，我第一次学会做牛排，煎给他吃，他好开心，讲了好久。他还写了一篇文章，发表在

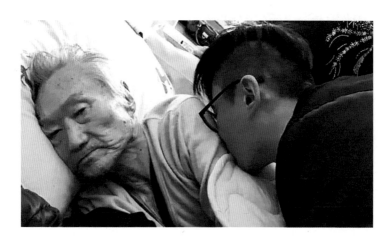

报纸上，我当时觉得很不好意思，不懂那是他表现爱的一种方式。

我小的时候，外婆跟我们一起住，那个时候她老年痴呆，眼神呆滞，洗澡、吃饭都需要别人帮忙。妈妈跟我说，人老了，就会变成这个样子，你也要尽能力来照顾我们。外婆是第一个走掉的，那是我第一次亲眼见到急诊。医生说，肺积水，需要插管，请家属决定，只有 20 分钟讨论。我们讨论决定插管，我看着医生扶起外婆，一根管子从背部插到肺里，外婆长吐一口气，头慢慢低下，再也不动了。

这是我对死亡的第一印象。

我的外公比较幸运，上厕所跌倒，隔一天就很顺利地走了。我爸妈常常讲，如果有一天老了，可以像外公一样，没有病痛，不拖延地走掉，是一件很幸福的事。我爸爸说，人必有一死，你有一天一定要跟我说再见，天下没有不散的筵席，所以不要难过。

晚年爸爸的身体一直不好，尤其最后几年，高血压、消化功能低落、大肠癌等各种健康问题出现。2016 年，爸爸检查出胆管堵塞，早年间，爸爸手术切除过半个胃，导致治疗更加复杂。医生说，保守化疗，只有 3～6 个月寿命；开刀加化疗，有一半概率存活 2 年。但是爸爸表示不要开刀，他不想剩下

的时间都只能躺着，没有办法做自己想做的事，甚至没有办法跟家人说话。我们表示尊重爸爸的意愿，也想在有限的时间陪爸爸做更快乐的事情。2017年初，爸爸被检查出胰腺癌，他决定放弃积极治疗，选择安宁疗护。但是肠绞痛、左眼白内障近乎全盲等问题一直困扰他。

在此期间，爸爸开始积极寻找资料，并通过瑞士朋友的帮助，了解到瑞士是全世界唯一一个为外国人提供善终的地方。在得知瑞士尊严组织之后，爸爸非常积极地想要成为会员，2017年11月，在爸爸的坚持下，我们一家人来到瑞士，实地了解了尊严组织，看到了尊严屋。

在看到安乐死要喝的2杯药，和3分钟无痛死亡的流程后，我却退缩了，找借口发烧想回台湾，硬是把爸爸先拽回来了。那个时候，我们很自私，只想让爸爸可以陪我们久一点。我想到爸爸想过要写自传，就怂恿他写，爸爸写了半年，又想要去瑞士。我又鼓励爸爸办画展，又画了半年。爸爸有的时候会生气说，你们不要这样拉扯，我每天这样痛苦，吃止痛药也没有用，运动员的身体瘦到 49 公斤。我已经活到八十几岁了，一家子和乐，我很知足。

12 月的时候，有一次爸爸用吗啡止痛的贴片，一贴上就产生过敏反应，一直呕吐，到医院后已经神志不清了，每三秒钟就翻白眼一次，还不断抽搐，直到第二天中午。爸爸醒来后我问他在想什么，他说，我想死死不了，想活活不了，还是喝一杯三分钟睡去好。

我这才意识到，爸爸，我对不起你。我让你多受了这么多痛苦。我知道爸爸的决心，也知道他没有任何遗憾，于是我尽快举办了婚礼，让父亲见证了我的大喜日子。4 个月后，我们一家再次来到瑞士。其实到瑞士后我的心情很复杂，这一次真的要好好说再见了。在台湾的时候，爸爸就说，到瑞士，你们不要哭，你们去开 Party，准备鲜花和蛋糕，在歌声中送我离开。

我问爸爸要不要抱孙子，我爸爸性子急，说等不到了。当天还有媒体过来，爸爸对记者说，这场仗一定要打。爸爸很勇敢，走进尊严屋里面的时候，还在发脸书，给我们的感觉好像这不是真的死亡，也不是真的离别。签完各种文件，爸爸突然说，我有一个要求，我的骨灰要跟你们一起回去。讲完这个我们都很开心，开始吃饭、开 Party。11 点多的时候，爸爸说，你们对外宣布，我 11 点 58 分离开。但我们没有算到喝两杯，中间要间隔 25 分钟，专业人员解释后，爸爸说，好，那就宣布 12 点 58 分离开。爸爸很勇敢，也很洒脱。时间还没到，我们就唱歌，爸爸还做了最后一段精彩转播。其实喝下"毒药"，就像是睡着了，爸爸靠在我的肩膀上，感觉他呼吸慢慢离开。

第二天在殡仪馆看到他，我们才放声大哭，真正地感受到爸爸走了。是我亲手送爸爸进火化机器里的，瑞士这边做得非常干净、庄严，它是一个机器，有一个输送带，带着棺木一起进去。执行人员问，有没有人想送他最后一程？我按下了按钮，亲眼送爸爸进去。妈妈说，你爸爸的这一生真的结束了。

我们最开始舍不得他走，反对他离开，但最后他留给我们的是不带任何遗憾地离开，没有任何悔恨，连最后的时间 12 点 58 分都定好了。就像他从小教育我的，他自己成为了一个"勇敢的人"。

付刚和傅俊豪面对病重的父亲，选择了两条截然不同的道路，对他们而言都充满了艰难和痛苦。付刚放弃了自己的生活，选择做一位"孝子"，去照顾和陪伴已经无法恢复健康的父亲。傅俊豪不忍父亲继续承受巨大的病痛，选择尊重他的意愿，陪伴他去接受安乐死。突然地被推到前线去面对家人的死亡，肯定不是一件你曾经预想过的事。如果这个难题不幸降临给你，面对突如其来的生离死别的抉择，你又将会如何面对？如果当你自己面对病魔和死神的考验时，作为子女或者父母的你，又希望家人如何抉择呢？

第三章
辩证的生死

哲学家张君劢曾经对人生观问题有过很多关注和讨论，他说过，同为人生，因彼此观察点不同，而意见各异，故天下古今之最不统一者，莫若人生观。人生的发展和延续受到外在环境的影响，人们对人生的看法也因为内外的因素而不同。

那么古今中外各家学说与宗教对于"生"与"死"的观点又是怎样的呢？

一、各家学说，你爱听谁的？

1. 乐天知命，向死而生

珍惜生命

关键词：珍惜生命

儒家哲学的核心思想是一个"仁"字，也就是爱人。当然，首先肯定人的生命可贵。

孔子不仅反对活人殉葬，也反对用木俑和陶俑来殉葬。孔子甚至谩骂那些主张用俑来殉葬的人说：你们不怕会绝子绝孙吗？他在鲁国执政时，马棚起火，他只问有没有伤人，不问及其他。孔子反对杀人的战争，卫灵公请教关于打仗的事，被他回绝，第二天就带着学生离开卫国。

《论语》记录了孔子和弟子们的活动，它揭示了人生方方面面的问题，几乎无不涉及，而谈到人的死亡问题，却只是寥寥几条。这说明，儒家重视的是"生"，而非"死"。

"吾十有五而志于学，三十而立，四十而不惑，五十而知天命，六十而耳顺，七十而从心所欲，不逾矩。"

关键词：乐天知命

这是孔子晚年对自己一生学习修养的概括总结，孔子15岁时立志做学问；经过15年，到了30岁，此时经过了人生的磨练，开始有自己的人生哲学和大局观；到了 40 岁碰到事情都有自己的行为准则，有自己的判断标准和处世原理，不再犹豫不定；到了 50 岁时懂得了什么是天命；到了 60 岁什么话都能听得下去，也能辨明其是非曲直；到了 70 岁方可到达从心而欲的境界，至此终于可以挥洒自如而不会违背伦理纲常。

　　孔子一生从不间断地学习修养，且每隔一段时间就有一个较大的进步，直至晚年达到最高境界。孔子一生就是为了达到"乐天知命"的领悟而不断努力修行的过程。

"发愤忘食，乐以忘忧，不知老之将至云尔。"

"莫春者，春服既成。冠者五六人，童子六七人，浴乎沂，风乎舞雩，咏而归。"

关键词：乐以忘忧

有人问子路："你的老师是一个怎样的人？"子路一时答不上来，回来告诉孔子，孔子说："你为什么不告诉他，我的老师为人是：发愤起来就忘记吃饭，快乐起来就忘记忧愁，不知道衰老将要到来，如此而已。"

孔子一生所追求的理想人生即发奋用功的时候，可以忘了吃饭，当快乐欢喜的时候，忘了忧愁。在一个行所当行乐所当乐的过程中，不知道生命已经垂垂老矣。为人处世当学会把握分寸、谨言慎行、礼行天下、修身养性，如果我们做到了这些，人生的烦恼就会自然减少。

"莫春者，春服既成。冠者五六人，童子六七人，浴乎沂，风乎舞雩，咏而归。"是孔子认为的一种人生境界。没有了尘世的喧嚣，物欲横流不见了，只有天理流行。因为没有欲望，所以动静之际，从容如此胸次悠然，直与天地万物上下同流，各得其所之妙，隐然自见于言外。

人生有涯，世界精彩，物欲横流，诱惑丛布。作为一个自觉而独立的人，在生死面前，我们如何应对呢？孔子在两千多年前给我们以召唤：安贫乐道，乐以忘忧，用微笑面对生命，在生命的岔路口，以仁道为指南针。

旧主遇难，是否应该自杀殉主？

在《论语》中记载着这样一场引人深思的争论：孔子与弟子围绕管仲在旧主遇难后，是否应该自杀殉主展开了一场激烈的争论。管仲和召忽都是公子纠的师傅，在公子纠被其兄齐桓公杀害之后，召忽自觉地按照当时君臣之间的道义原则，自杀殉主；管仲却并没有自杀，还做了齐桓公的宰相，以自己的聪明才智辅佐齐桓公称霸诸侯，成就大业。子路和子贡都认为管仲没有以身殉主，就没有尽到身为臣子的义务，并因此认定管仲不重视仁义道德。孔子却旗帜鲜明地支持管仲的做法，他说："管仲相桓公，霸诸侯，一匡天下，民到于今受其赐。微管仲，吾其被发左衽矣。岂若匹夫匹妇之为谅也，自经于沟渎，而莫之知也。"

在这段话里，孔子高度肯定了管仲为社会做出的贡献，认为他充分发挥自己的聪明才智，辅佐一代名君齐桓公称霸诸侯，使动荡不安的社会重新回归到正常的运行轨道，使得民众能够安居乐业，过上较为稳定的生活，因此大家应该感激管仲的功德，而不是指责他没有像世俗之人那样拘泥于小节小信，为了殉旧主而自杀于沟渠之中，却没人知道，从而死得毫无价值，也浪费了自己的聪明才智。

"朝闻道，夕死可矣。"

关键词：向死而生

　　孔子认为人生的长度并不重要，关键在于是否闻道。对生命而言，重要的是它的宽度。孔子认为生命的价值和意义就是努力践仁，积极弘道。在漫长的生活经历中逐渐认识并且最终确定自己的使命。他最终把弘道作为自己的生命目标，并为之奋斗不息。正因为知道有死存在，生命必然会结束，他要在死亡来临之前，尽量发挥生的价值。

2. 长生久视，得道成仙

道教认为生命的本原是"道"所派生之"元气"，只有在元气运化而生阴阳中和之气后才产生了人体生命，它是有形有质的真实存在，是精、气、神和谐结合于一体的产物。

"夫气者，所以通天地万物之命也；天地者，乃以气风化万物之命也"（《太平经》），从生命气本说出发，就可以得出"有气则生，无气则死，生者以其气"的生死观。因此，要想长生不死，要先炼气养气，使气在人体之内聚而不散。

夫物生者，皆有终尽，人生亦有死，天地之格法也；
人生有终，上下中各竟其天年，或有得真道，因能得度世去者，是人乃无承负之过，自然之术也。
不死成仙

道教一方面认为人有生就有死，上寿、中寿、下寿者各寿尽而死是自然之法。另一方面主张仙道可学，而且人人都有"不死成仙"的可能性。道教把修仙者之死，名为尸解，宣称是修道者将登仙而遗其形骸。道教的尸解信仰，相信人的生命经过修炼和某种丹药的处理之后，将以另一种形式获得永恒。[1]

庄子丧妻击缶而歌

庄子的妻子去世的时候，他的好友惠子前往吊唁，看见庄子不仅没哭，还击缶而歌，惠子责备庄子。

庄子却认为："人死不能复生，妻子去世只是以另一种方式存在于天地之间，而我围着她呜呜啼哭，这种做法是不能通晓于天命的，所以也就停止了哭泣。"

道教以"生"为乐，表现出一种热爱生命、积极进取的人生态度。《太平经》认为，现实生活是有价值的，人生也是有幸福和快乐的。实现对生命的超越，是一种向生命原初的回归过程，即所谓"复命归根"。

---

1 王明．太平经合校［M］．北京：中华书局，1960.

秦始皇追求长生不老药

　　秦始皇作为中国古代历史上第一位皇帝，他对长生不老的渴求可谓空前。公元前219年，秦始皇曾坐着船环绕山东半岛，他在那里流连了三个月，听说了在渤海湾里有三座仙山，叫蓬莱、方丈、瀛洲，在三座仙山上居住着三个仙人，手中有长生不老药。告诉秦始皇这个神奇故事的人叫徐福，他是当地的一个方士，听说他曾经亲眼看到过这三座仙山。秦始皇听后非常高兴，于是就派徐福带领千名童男童女入海寻找长生不老药。徐福带领浩大的舰队出发了，但他在海上漂流了好长时间也没有找到他所说的仙山，更不用说长生不老药。徐福没有完成任务，知道秦始皇是个暴君，自己回去后一定会被杀头，于是他就带着这千名童男童女顺水漂流到了日本。

徐福虽然一去不返，但秦始皇并没有死了求仙的心。四年以后，也就是公元前215年，秦始皇又找到一个叫卢生的燕人，他是专门从事修仙养道的方士，秦始皇这次派卢生入海求仙与徐福有所不同，徐福是去寻找长生不老药，而这次卢生入海是寻找两位古仙人，一个叫"高誓"、一个叫"羡门"。据记载，秦始皇遍寻不着的"长生不老药"俗名叫"太岁"，学名叫"肉灵芝"。

但最终，秦始皇没吃到长生药。

3. 众生平等

佛祖，我们从何而来，死后又归何处？

佛曰："此有故彼有，此生故彼生；此无故彼无，此灭故彼灭。"

……

万事万物都相互依存、相待而成，一切法皆依赖一定的条件而产生和消亡。一切生命都由众多因缘聚集以及因果联系而存在，蕴、处、界是组成生命的要素，包含了物质和精神两个方面。一切生命都是因缘而生，有生必有死，这是亘古不变的客观规律。生命是有限的，死后亦非断灭而归于无。

那为什么说众生平等呢？

　　缘起论的真谛，即在于它的平等性。

　　生命观要求我们要善待自己，珍惜自己的生命，同时更要慈爱善待一切生命，不可任意剥夺他人的生命甚至是动物的生命。人的生命最为宝贵，要珍惜自己有限的生命，勤修戒定慧，息灭贪嗔痴，解决生命的痛苦，最终达到生死的解脱。

　　佛祖，那我们死后呢？

　　我佛认为死亡有三种：寿尽而死、福尽而死、非时横死。道宣律师说："自焚致死，即犯杀戒；赞美自焚者，也同样犯杀戒。"

　　我佛弟子坚持正知正见、正信正行，不要受邪恶势力的蛊惑，轻弃人身，罪莫大焉，后悔莫及。

　　我们身为佛子，无论在什么情况下，都要谨遵佛陀教诲，慈悲为怀，关爱生命。

既有生就有死，生、老、病、死乃人间常事，因为我们对死亡未透彻明了，所以抱持恐惧、忌讳的心态，缘起于好生恶死之情，佛教认为世界上所有的事都没有常性，万法都是因缘所生，没有常性才是世界的根本性质。所以持"常"的观点，就会生起诸多烦恼和欲望。因此我们要看破始终沉浸在悲欢离合之中的情感，看透众生因无明而轮回的实质，不要落入六道轮回中而不得解脱。我们既然知道有生必有死，就不要执着、贪恋，要去超脱生死。

《佛说譬喻经》中的一个譬喻：

有一个旅人独自在旷野中跋涉，忽然前方传来野兽的咆哮声，随后一只老虎便出现在他的面前。于是旅人惊慌失措地逃到一口空井前，只见井口垂下一条树根。情急之下，他便沿着这条树根爬了下去，希望借此能够躲避恶虎的追逐。谁知才爬到一半就来了一黑一白两只老鼠，开始啃噬他抓的树根。旅人于是环顾四周，希望找到新的依靠，却发现井壁上盘着四条毒蛇，而再往下看，情况则更糟，只见一条毒龙正张着血盆大口在井底等待。正在旅人惊慌失措之际，忽然从树根上滴下许多晶莹诱人的蜂蜜，旅人被眼前的美味所吸引，顿时忘掉了所处的困境，于是便舔了五滴。顷刻之间，风吹树摇，蜜蜂倾巢而出欲蜇旅人，而且又有野火开始燃烧树根。

胜光王问佛："这个人为什么身处险境，却还要贪图眼前那一点美味呢？"

佛祖解释说："旷野象征着六道轮回的无明长夜，旅人就是众生，恶虎象征无常，空井象征生死，黑白二鼠啃噬树根象征昼夜时刻缩短着世人的生命，四条毒蛇即指色身四大，五滴蜂蜜即指五欲，蜜蜂象征邪思，野火象征老病，毒龙象征死亡。可见，生老病死原本都是痛苦的事情，世人应该早做打算，不要被五欲所迷惑。"

佛指生死为有情的出生入死，即生、老、病、死四相中的最初与最后。《胜鬘经》解作："死者谓根坏，生者新诸根起。"盖有生者必有死，有因者必克果，是以生死轮回永无休止。故诸经论皆教示凡夫当离有漏生死界，以得不生不灭之大涅槃。

广义解释生死，可分二种。（1）分段生死：谓凡夫于三界六道生死轮回时，系分段辗转而受生死，故称。（2）变易生死：指菩萨等离三界之轮回，远离分段生死，而仅于断烦恼时产生微细的生灭变化，谓之变易生死。此生死之苦痛，佛教将之列为四苦或八苦之一。或将生相依其形状分成胎、卵、湿、化四生；将死相分成命尽死、外缘死二种。亦有将生死分为一期生死与刹那生死。前者又称一期生灭，系指有情宿于母胎的刹那至一生终了而死；后者又言刹那生灭，指此一生涯的每一刹那，色心重复生住灭。

佛教还指生死为生死轮回，相对于涅槃而言。即凡夫由于有漏或无漏的业因而生死相续，流转不止。《俱舍论》卷三十云："如何流转生死？由舍前蕴取后蕴故，如是义宗前已征遣，如燎原火虽刹那灭，而由相续说有流转。如是蕴聚，假说有情，爱取为缘，流转生死。"

人世间最宝贵的就是生命，佛教讲人身难得，佛法难闻，在一切有情众生之中只有人能修行解脱，所以佛陀慈悲开示，要佛弟子珍惜自己的生命，同时更要慈爱他人的生命。

佛教的生命观，源于对生命本质的了解。由此产生的广大、开放、遍于一切生命的大悲心，能救度无量众生于苦难。这样伟大的思想，体现了佛教的大平等观。这种大平等观，在任何一个宗教和哲学思想中，都绝无仅有。

缘起思想是佛教教义的根本，其经典概括是《阿含经》中所说的："此有故彼有，此生故彼生；此无故彼无，此灭故彼灭。"万事万物都是相互依存，一切法皆依赖一定的条件而产生和消亡。一切生命都

由众多因缘聚集以及因果联系而存在。由缘起论可以推知，一切生命都是因缘而生，有生必有死，这是亘古不变的客观规律。

4. 直面死亡

人类最早的文化形态是神话与宗教，最初都以神话来理解和反映他们认识的世界，因此哲学脱胎于宗教和神话的世界观，古希腊哲学更是如此。苏格拉底作为这一时期重要的哲学家，其思想渊源也由此引发。

神话故事中的自然力量和社会活动的人格特征，多神崇拜观念以及"神人同形同性"的故事特点，反映出古希腊人对力量、真理、智慧的向往，无不寄托着人们对自然的探索、追求，以及面对无能为力的自然现象的一种期望。这种期望使古希腊人对奥秘莫测的物质世界和超自然力量的恐惧感逐渐降低，让人们以理性、超越、怀疑的精神来探索自我存在的世界，从而对苏格拉底生死认知的反思精神和生死超越的"灵魂不朽"思想有着重大的影响。

关键词：生死与反省

70 岁的苏格拉底被人控告，以自由、民主著称的雅典城邦，以渎神和蛊惑青年之罪判处苏格拉底死刑。当苏格拉底被判处死刑时，他的学生想尽办

法劝说其逃亡，可苏格拉底回答说："与其违法而生，莫如遵法而死。"他接受判决凛然饮下毒酒。

苏格拉底从关心雅典城邦发展到以死明志，在世人看来极具悲剧色彩的人生，在他那里却是乐观积极的，他坚定地认为自己一生所践行的正是实现生命的目的与意义。苏格拉底认为人这一生要理性地把握生死问题，反省地生活，追求真理，获得真正的知识，即使面对死亡也全然不惧，以实现人的道德追求，从而达到至善的灵魂不朽之境。

关键词：直面死亡——彼岸的世界

"如果人死的时候毫无知觉，只是进入无梦的睡眠，那么死亡真是一种奇妙的收获……如果死亡就是这个样子，如果你们按这种方式看待死亡，在我看来死后的绵绵岁月只不过是一夜而已。"

"如果灵魂抵达另一世界，超出了我们所谓的正义的范围，那么在那里会见到真正的法官……如果你们中有人有机会见到奥菲斯和穆赛乌斯、赫西奥德和荷马，那该有多好啊！如果这种解释是真的，那么我情愿死十次。"

苏格拉底通过论述两种死亡的情形，表达他对死亡来临的态度以及对死亡本质的认识，以此消解

人们对死亡的恐惧感。另一方面，他认为死亡是灵魂从一处转移到另一处居住，所有死去的人都相遇聚集在那个地方，那么死亡便是世上最大的幸福了。

关键词：追求好的生活

苏格拉底对待死亡的态度来源于他认为"追求好的生活远过于生活"。在他眼里生死问题固然重要，但还有高于生死的问题，即诸如"是非、邪正、善恶、荣辱"等关于真理、道德、正义的问题，对于这类问题的追求，使他在真面死亡时，迸发出无限的道德力量，因而"追求好的生活"的价值高于生活本身的价值。苏格拉底的一些话至今仍然值得我们思考：

对哲学家来说，死是最后的自我实现，是求之不得的事，因为他打开了通向真正知识的门。灵魂从肉体的羁绊中解脱出来，终于实现了光明的天国的视觉境界。

我与世界相遇，我自与世界相蚀，我自不辱使命，使我与众生相聚。

时间到了，我们各走各的路，是活在这个世上好还是死了好，只有神知道答案。

在死亡的门前，我们需要思考的不是他的空虚，而是他的重要性。

5. 万物终归"热寂"

物理学有个很重要的概念叫做"熵"，指的是体系中的混乱程度；还有一个很重要的定律叫做"热力学第二定律"，是说这个世界的"熵"只能是不断递

增的，也就是说世界只能不断地向无序发展，宇宙最终会归于"热寂"。

这里面就包含了两种状态：有序和无序。所谓生命就是一种有序的状态，而死亡则是一种无序的状态。我们的大脑、身体是由各种细胞、骨骼，或者说是各种分子和原子通过有序的方式组合在一起而形成的，通过某种特定的有序的组合，我们才能思考，才能活动。而当我们死了，无论是回归尘土还是海洋，我们都会被分解成为无序的微粒，转移到世界的其他地方去。

从有序到无序的过程，也就是生命死亡的过程，而死亡是必然的。按我们目前所知，宇宙起始于混沌之中的一个奇点，是完全无序的一种状态，随着大爆炸而产生出各种结构，逐渐变得有序，最终又不得不归于"热寂"，重新成为无序的状态。我们个体的生命也是如此，从最开始的简单细胞的无序，逐渐组织、有序起来，形成生命，再逐渐衰弱、死亡，又成为无序的微尘。

孔子说：朝闻道，夕死可矣；

庄子说：道法自然，得道升仙；

佛说：缘起缘灭，众生平等；

上帝说：死亡是通往永生的门；

……

其实，对待生死是由个人的自由意志所决定的，每个人都要树立自己的生死观，不人云亦云、拾人牙慧，从而能在世事浮沉中保持一颗坚定的心，能坦然面对人生的大喜与大悲，能始终保持生命的活力。

生命的有限性更显出了生命的重要性，只有具备了正确的生命观，才能认识到生命存在的有限性和宝贵性，积极策划自己有限的生命。英国哲学家培根说过，人不能延长生命的长度，但却可以拓展生命的宽度。在社会存在与发展中实现生命存在的价值，实现人类不朽的梦想。

二、各抒己见，你又会怎么说？

生命并不是能量，不是作用力，不是精神，也不是物质，而是一套化学反应。所谓人死如灯灭，熄灭蜡烛之后能量并没有转移到别处，只是导致燃烧的化学反应停止了而已。你死了以后同样哪里都不会去，你只是不再发生了而已。按照 HBO 招牌剧集的说法就是"凡人终将不再发生"。

——Sean Caroll

生固欣然，多少困惑，多少烦恼，多少遗憾，多少无奈！死有何哀？解脱繁杂，杜忧绝愤，远离恨爱。

花开花谢,潮起潮落,月圆月缺,古今恒律,概莫能外。
淡泊宁静,生死坦然,意品高洁,何欣何哀!

——黄霞《妄思寒虑》

人生活在天地之间的自然界中终有一死,死亡
并不可怕,人死如电灯的熄灭,断电了就是不会再
有余光,这是规律。

——顾顺祥《我看人生》

生老病死一循环,乃是人生之常态,我们要学
习先辈的精神和情怀,正确地对待生死。活着,就
获得精彩,如杨绛先生是把死亡当成"回家"的,
她说:"平和地迎接每一天,过好每一天,准备回家。"

——王祖荫《耄耋老人盼百年》

谈到生与死的辩证关系,有一首诗:"生命诚可
贵,爱情价更高。若为自由故,两者皆可抛。"诗中
的生命和爱情,是指"小我"的生和情,诗中的自
由是指"大我"的生和情。抛掉"小我",保全"大我",
牺牲"小我",换取的"大我"是国家、民族、人民
的自由,是中华民族的复兴。这是中华民族优秀子
孙应该树立的生死观。

——杨康康《我的生命观与实践》

第四章
生命的未来

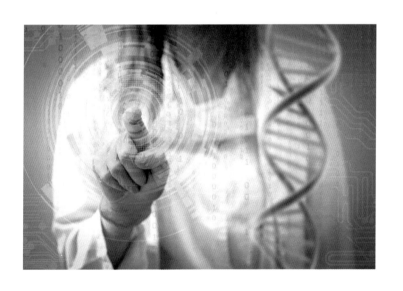

一、未来已来，只是尚未流行

当 AlphaGo 轻松战胜了人类；当百度的李彦宏乘坐无人驾驶车上了北京 5 环；当 Space X 公司用私人火箭将特斯拉敞篷车送入太空"航行"；当普朗克常数成为"千克"定义的新基准；当梳妆镜自带美颜功能，AR 技术出现在身边的小商店……显而易见，未来已然悄然来临。

生命相关的科学技术也从未停止进步过：记忆泛化提取能力可快速形成；新一代治疗阿尔茨海默病的新药进入临床实验阶段；世界上首例基因编辑双胞胎婴儿在中国诞生；耶鲁大学科学家成功复活已死亡猪

脑的部分细胞；以色列特拉维夫大学成功打印出全球第一个完整心脏，未来 3D 技术广泛打印人体器官成为可能……所有这些成果，都赋予了生命延展的可能性。

未来已来，只是尚未流行。我们还未有足够高级的交流方式，没有掌握星际航行的技术，没有应对"高级猎人"的降维打击的能力，甚至于当下科技的创新成果也要递进地被人们所接受和使用。但从生命进化的角度来讲，我们仍不能不对未来充满信心。未来是我们存放美好的时空所在，它尚未流行，但让人期待。

未来裹挟着科学技术的两面性而来，悲观不是应有的视角。人类离技术上失控自杀还很遥远，利用科技推动生命积极进化才是正道。最近有科学家把地球生命划分成了三个阶段，即生物阶段、文化阶段和技术阶段。技术阶段就是现在的人工智能阶段。我们不妨预测，技术加上人类的创造力和想象力，生命的下个阶段将有许多"想不到"。

二、未来话题，看生命的可能

1. 言论：生·死·未来

人类渴望寻求经验的完整与丰富，但是当这些索求迷失在烦乱的日常生活的作息表之中，我们便会往他处寻求。当你将身外的牵绊降低到最少时，你那训练有素且敏锐的心灵，顿时落入无法忍受的真空之中。而这就是事物的本质：为了要填补这份真空，你发现了人类的天性——拥抱大自然。

——Edward O.Wilson《生命的未来》

死亡是一座永恒的灯塔，不管你驶向何方，最终会朝它转向。一切都将逝去，只有死神永生。

你在平原上走着走着，突然迎面遇到一堵墙，这墙向上无限高，向下无限深，向左无限远，向右无限远，这墙是什么？

"死亡。"

"当一切问题都解决，人类会面临心理上的死亡。"

——刘慈欣

"你是否曾做过这样的梦，尼奥，梦中的一切真切得如同真的一样？要是你无法从这样的梦中醒来会怎么样？你怎么确定自己能分清梦幻世界与真实世界？"

——《黑客帝国》中的墨菲斯

"只有人类丈量时间。也正因为这样，只有人类才要承受其他任何生物无需面对的巨大的恐惧：恐惧时间不够用。"

——米奇·阿尔博姆《时光守护者》

"我曾见过你们人类无法置信的事情：战舰在猎户座的边缘起火燃烧；C射线在星门附近的黑暗中闪耀……所有这些瞬间都将湮没在时间的洪流里，就像雨中的泪水……死亡的时刻到了。"

——《银翼杀手》中的复制人首领巴蒂

存在的目的就是"在生命最广泛的体验中，提炼出智慧"。

知道自己终将一死并不好过，但如果一心想不死却梦想破灭，可能更让人难以接受。

智能时代的 21 世纪，绝大部分普通人将变得"可有可无"，可能只有一小撮掌控智能的"神人"能够掌控世界。

——尤瓦尔·赫拉利《未来简史》

2. 探索：关于人类未来的五大科学疑问

2.1 当地球的寿命结束，人类或许可以继续糊口生活？

"我认为大规模从地球移民出去的设想是一个很危险的错觉。在太阳系中，甚至没有一个地方可以比珠峰峰顶或者南极点更为适宜人类生活。我推测到下个世纪，将出现由私有团体资助的火星探险生活，之后可能还会拓展在太阳系的其他地方。

"我们当然应该预祝这些先驱开拓者交上好运，要知道他们是依靠着各种机械技术和生物科技来适应外星环境。在几百年后，他们将演变为新的物种：后人类时代即将开启。超越太阳系的旅行则是后人类的事业，无论那是不是需要他们亲力而为。"

（Martin Rees, British cosmologist and astrophysicist）

2.2 是不是会有那么一天，这个世界拥有足够的医疗服务？

在过去 25 年中，全球共同体已在医疗公平性方面取得了长足的进步。不过这些成绩还没有覆盖到世界上那些最偏远的群体。

据世界卫生组织估计，大概有 10 亿人因为路途遥远，一生都没有见过医疗人员。直接从当地社群招募卫生保健人员可以填补这一缺口。如果全球共同体对全人类医疗保障是重视的，那么必须投资从而保证医疗人员可以抵达那些偏远地区。

（Raj Panjabi, co-founder and chief executive at Last Mile Health and instructor at Harvard Medical School）

2.3 会否有一天，我们可以依靠工程学替换所有人体组织？

在 1995 年，我和 Joseph Vacanti 曾撰文介绍过人工胰腺技术，以及塑料材质的人工器官和电子器件的发展，甚至可以使盲人复明。

在未来几个世纪中，极可能随意率性的人体组织都可以或许经由这样的途径被替代。培育种植提拔或创造大脑这样复杂而还没有被充分理解的组织将需要大量的研究。然而相关研究将很快帮助治疗脑部疾病，比如帕金森或者阿尔茨海默症。

（Robert Langer, David H. Koch Institute Professor at the Massachusetts Institute of Technology）

2.4 我们能治愈阿尔茨海默病吗？

我不确定是不是真会有一个治疗方法，不过我很希望在未来十年中针对阿尔茨海默病可以出现一个成功的疾病修饰疗法。

我们已经进行预防实验，甚至在人们出现临床症状前就进行生物干预。其实我们没必要完全治愈阿尔茨海默病，我们只需要将老年痴呆的发生或发展延缓5到10年就很好。

据估计，如果严重的病症阶段延缓5年，将减少近50%的医疗保障负担。更重要的是，老年人将或许可以在外部环境安心地离去，而不是在病房中。

（Reisa Sperling, professor of neurology at Harvard Medical School and director of the Center for Alzheimer Research and Treatment）

2.5 人类在未来500年生活下去的希望有多大?

我想我们生活下去的概率还是很不错的。即便重大危机——比如核战争或者气候变化之后的生态灾难——也不至于将我们完全清除。

目前的一个威胁是,机器将超越人类并决定脱离我们而存在下去。面对这个问题,至少我们可以拔掉它们的电源。

(Carlton Caves, Distinguished Professor in physics and astronomy at the University of New Mexico)

3. 境界:跨越空间和时间

我始终活着,不知道什么叫死亡

——姚福申

活着的人总是处于两种不同的生存状态之中,一种是具有自我意识状态,另一种则是自我意识消失状态。这两种生存状态不断交替，不断循环，直至生命的结束。

　　存在自我意识状态时，又有两种不同的情况：一种是完全清醒状态，此时人能敏锐地感知客观物质世界的光、电、声、热等信息的刺激，并转化为色彩、声音、冷暖、痛痒等主观的感受，并通过感觉、知觉、概念等精神信息，进行形象思维和逻辑思维，作出感性判断和理性判断；另一种是朦胧状态和梦境状态，此时人对一般的外界信息的轻微刺激并无明显反应，但依然存在自我意识，大脑中依旧有精神信息在活动，形象思维和逻辑思维能力仍然存在。然而由于处于朦胧状态，思维能力，特别是理性思

辨能力明显趋弱，于是会产生脱离客观现实的幻觉和梦境。

自我意识的完全消失是在熟睡无梦阶段或深度昏迷阶段。两者的区别仅仅是前者属于正常状态，后者则因遭遇疾病、伤害和药物麻醉而处于非正常状态。即使自我意识已经完全消失，但植物神经系统的功能依旧在活动，保持着循环系统和呼吸系统功能的正常进行。在获得休养生息的需要后，或遇到外界强刺激下，自我意识又会恢复到朦胧状态、梦境状态或完全清醒状态。

如果个体正趋向死亡过程中，则在达到深度昏迷状态后，因心肺循环衰竭、停止运作，造成脑细胞破坏不可逆转而死亡，自我意识便永远不再恢复。

由此可知，只要有自我意识存在，即意识到我的存在，人总是活着的。即使自我意识消失了，即使处于病态的深度昏迷状态，也不等于死亡。这就是说，有"我"的感觉在，人便始终是活着的。由于自己无法意识到死亡，因而也就不知道什么叫死亡。即使一个人病得很厉害，在不知不觉中昏迷过去，也很可能会苏醒过来，还得继续承受病痛的折磨。只要你能意识到自己的存在，离死亡还远着呢！所以，我们大可不必担心死亡，倒是要千方百计地避免痛苦，努力去寻找快乐。

尽管"我始终活着，不知道什么叫死亡"，但并不意味着我能始终快乐地活着，不知道什么叫忧愁。纵观人的一生，总是面对着巨大的不确定性，总是要面对生活中的各种矛盾和冲突，因而始终会带着一丝焦虑、烦恼与不安。尤其是那些责任心特别强、自我要求很高、思维又十分缜密的精英，他们对未来可能出现的变化设想得更多，也更具有忧患意识，失眠症和焦虑症往往就发生在这些人身上。虽然聪明人比一般普通人享有更高的成功概率，更多品尝到成功的喜悦，但是每一次成功喜悦的背后，总是隐藏着多次失败和长期努力的艰辛。当然也有运气好的时候，不过轻易得来的成功，也难以换取巨大的快乐。这就像大病初愈的愉悦总是建立在长期病痛折磨的背景之上一样。在我看来，每个活着的人其实都并不轻松，少年时期要经受学业上竞争的压力，青壮年时期又要经受工作上竞争的压力，中年时期上有老下有小，生活上的担子更重，老年时期竞争的压力消失了，可是还得经受健康状况日益衰退的生理和心理压力。万物之灵的人类生活得并不轻松，真还不如无忧无虑快乐的大苍蝇！

　　让自己觉得"我始终活着，不知道什么叫死亡"，
至少有一个好处，那就是不必过于为死亡焦虑。因为
死亡无非是昏睡过去永远不再醒来而已，无非是将
生前的快乐与痛苦一股脑儿全带走而已。认识到这
一点，自己活着的任务也就更明确了，那就是努力
去提高现有的生活质量，包括物质的和精神的。尽
可能排除生理上的痛苦，用理智去化解心理上和精
神上的压力。既要发挥自己的潜能为社会作出贡献，
又要让生活过得轻松愉快，不去勉强做力不能及的
事情。就一般情况而言，一个人临死前的病痛折磨，
不可避免地成为一生中最大的痛苦。即使死时并不

一定很痛苦，对未来不确定的担心也总是每个人最大的隐忧，所以设法消除这种隐忧，应视为最大的人性关怀。就目前的科学水平而言，要做到这一点其实并不难，所以对每个人都有用的合理的"安乐死"方案不宜长期被搁置，这就需要社会各方的共同参与和努力。

庄子在《大宗师》里说"古之真人，不知说生，不知恶死"，要人顺其自然地看待生命。王羲之在《兰亭集序》里言曰："固知一死生为虚诞，齐彭殇为妄作。"让我们区分生命的不同，尊重规律。然而如当代科幻作家刘慈欣所说："我们应该不断地向高处飞，不断地去学习，不断地去挑战，这种挑战、学习、向远处的飞行是永恒的。"结合其科幻作品，不难理解人类由古至今在规律基础上对生命外延的争取。

生生死死也要生，生命的长度和质量，从来都和未来息息相关，科学也从未停止过探索生命未来的脚步。而未来已来，脱胎于传统科学的未来科技对生命的明天充满了规划与创造。

三、生命未来，人能够活多久

1. 造神：长寿乡不长寿

生命的未来，首位被关心的自然是寿命。生老病死，万物之规律。在西方，医学医术发达，宗教上信奉死后进天堂"得永生"，但这并不阻碍西方文化上对长寿的追求，"血腥玛丽"和"不老泉"的传说即是明证。而在中国，这一探求更是持久而著名，自始皇帝起，修仙念佛，炼丹用药，抑或是恶趣味的食补，有法皆寻，有道都追，结果却常常沦为百姓口中谈资，历史上也成为笑话。不老是期望或神话，强求不老则违逆未来，容易走上歧路。

以我们中国举例，因"不老"期望而被利用的就不在少数。简书上有篇长寿村辟谣帖——《中国"长寿之乡"几全伪造，日本人私设骗子机构系元凶！》指出，日本"国际自然医学会"毫无资质，为迎合地方发展的需要，在中国各地认证"长寿村"捞金。政府造福乡里的初心被"国际集团"利用。无论其后的经济利益如何，在长寿上造假，总归不应该。

"长寿之乡"的事实推翻解决了人们的"现代迷信"，但延续了历史上对生命神秘本质的困扰。生命密码紧紧束缚着人类的过去、现在和未来。长寿是个诉求，是人类发展的一条备受关注的通道，我们渴求活着，厌恶死亡，这一过程，把生与死的话题性推向永恒。

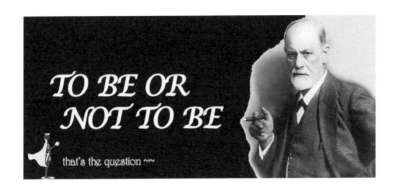

2. 希望：寻找生命金钥匙

长寿是生命密码的第一道关卡，所有人行进在这个暗黑无界的通道里面，无言探索。有时生命像是上天的祝福，有时又像是恶魔的枷锁，人类为了活得更久，研究和发明各种各样的方式，去增加寿命，从生理上延续人的生命。生与死的话题是永恒的，人类寻找生命金钥匙的旅途，也是永恒的。

2.1 雷帕梅素——生命的解药

从生命的生物本质出发，科学家发现，从某些干细胞中可以提取一种端粒酶，在这种酶的作用下，端粒体可以重新变长。实际上，早在 2011 年，美国哈佛大学医学院的研究者们就已经成功实现了这一过程。他们在一组已经出现老年性生理退化的老鼠身上实施了端粒酶疗法，结果非常神奇，这些老鼠身上与老化有关的疾病逐渐痊愈了，老鼠们表现出更佳的生理状态，显得更加年轻了。

雷帕霉素应运而生。当细胞营养充足时，雷帕霉素靶蛋白会促进细胞生长，一旦营养不足，它就会让细胞回收自己的老化分子，对其进行加工，变废为宝，自我循环，自给自足。美国得克萨斯大学研究人员用了近2000只年龄在600天左右的小白鼠做实验，这些老鼠的寿命相当于人类60岁左右。他们对四分之三的老鼠使用雷帕霉素。结果发现，如果从接受药物实验那天开始算，药物使雌性老鼠预期寿命延长38%，使雄性老鼠预期寿命延长28%，总体上使老鼠寿命延长9%至14%。不过，这种药物对人类的影响目前还有待进一步验证。

著名学者库兹韦尔称，我们正在开始重新改造过时的"生命软件"，通过重新编程，我们将帮助人类远离疾病和衰老。到2030年，血液中的纳米机器人将可以摧毁病原体，清除杂物、血栓以及肿瘤，纠正DNA错误，甚至逆转衰老过程。他认为，人类将在2045年实现永生。因为据他推测，那一年非生物智能的创造力将达到巅峰，超过今天所有人类智能总和的10亿倍。但是在2045年到来之前，库兹韦尔认为我们就可以开始"不死之旅"。库兹韦尔说："我认为在2029年左右，我们将会达到一个临界点。届时医疗技术将使人均寿命每过一年就能延长一岁。

那时寿命将不再根据你的出生日期计算，我们延长的寿命甚至将会超过已经度过的时间。"

不管库兹韦尔的预言是否会实现，今天科技发展的速度已经远远超出了我们常人所能预见到的。长生不老并不是一个梦。

2.2 人体冷冻技术——"死而复生"

人能不死吗？尚无先例，仅有实验。

科学家们经常谈论人体冷冻术（Cryonics Technology），设想将人体冰冻起来，再让他在未来某个时候苏醒。冰冻4.2万年的线虫奇迹复活，更证实了这一可能。俄罗斯研究小组和美国普林斯顿大学地球科学家日前分析的300多只冰冻线虫中，有两只远古线虫在解冻后呈现出生命复苏迹象，甚至可以活

动和进食。发现两只线虫的地址都位于俄罗斯最冷的地区——雅库特。研究人员解释，更新世时期线虫具有一些独特的适应性机制，对低温医学、天体生物学和人体冷冻学等相关领域的研究具有重要作用。这一研究有望将具有科幻色彩的"人体冷冻法"变为现实，即通过冰冻人类身体暂停人类生命，并在未来特定时间解冻复活。

人体冷冻是一门新兴的科学，主要研究体温对寿命的影响。降低体温的实验已经取得了良好效果。如果将人的体温降低两度，那么一个人便可以多活120到150年。果真如此，人类就能活到700甚至800岁。

2015年5月，重庆女作家杜虹成为中国第一位接受人体冷冻的人。她选择的冷冻机构是美国阿尔科。2017年8月，中国首例本土人体冷冻在山东完成，遗体被冷冻等待"复活"。

那么冷冻人复活靠谱吗？

目前人体低温冷冻保存仍属科学研究，不过冷冻后再生也有了一定的实验基础，虽然目前还没有冷冻成功的例子，但是随着科学技术以及生物技术的高速研究发展，也许将来人体冷冻后复活真能成为现实，"永生"并不是一个遥不可及的梦。

2.3 细胞自噬——开启"长生不老"大门

近日，有科学家发现自噬也许会帮助人体细胞自我修复，重新启动，从而提升健康，达到减肥、延寿以及更年轻的目的。何谓"自噬"？人们患病后，自噬可以摧毁病菌和病毒。同时，细胞利用自噬，清除那些受损的蛋白质和细胞器，以抵抗机体老化的负面影响。此研究仅在实验阶段，很难说可以实现不死的目的。

虽然返老还童还不太现实，但现在已有了一个良好的开端：科学家成功逆转了人类的衰老细胞！虽然离彻底实现还有很长的路要走，但在一项最新的实验中，研究人员已经成功地逆转了人类细胞的衰老现象，这也将为未来的抗退化药物打下基础。衰

自噬与诺贝尔生理学或医学奖

Christian de Duve

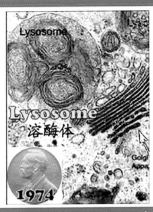

Lysosome
Lysosome 溶酶体
1974

老可以看成是身体机能的逐渐衰退，它与人类常患的大多数慢性疾病有关，比如癌症、糖尿病和痴呆。研究的焦点是"衰老细胞如何在组织和器官中积累"。衰老细胞是指已经老化、无法正常运转，却同时会损害周围细胞功能的一种细胞。研究人员通过使用一种释放少量硫化氢的化学物质来处理老旧细胞，令已衰老的细胞再生，恢复活动。当然，仅在实验之中，不知何年何月能在临床上试用。

几百年前的人们无法想象到今日生物医学技术取得的成果，在二三百年前的清朝，天花之猖獗、可怕，一如现在的艾滋病、狂犬病，人人谈虎色变。然而随着科学医疗技术的发展，如今天花传染病已被人们消灭。正如今日的"长生不老""死而复生"技术一样，几百年后的今天，也许不再是一个梦。未来虽不可知，但是科技发展的速度确实有目共睹。我们应怀抱希望度过每一天，相信科技带给我们的美好未来。

2.4 死亡率平台期：超越极限，死神都会手下留情

最新的研究显示，超过 105 岁，人类死亡率的增长减缓并趋近于一个平台期。"我们的研究数据告诉我们，目前来看人类的寿命并没有固定的限制。"来自加州大学伯克利分校的人口学家及统计学家

Kenneth Wachter 说到，"随着年龄的增加，我们并没有看见死亡率持续增高，相反，我们甚至看到了死亡率轻微的下降趋势。"

近代长寿纪录保持者是一位名为 Jeanne Calment 的法国女性，她 1875 年出生，卒于 1997 年，共活了 122 年 164 天。而其家族也多长寿者，其父活到近百岁。而刚去世的最年长者为日本神奈川县横滨的都千代，生于 1901 年，卒于 2018 年，享年 117 岁，也是最后一个生于 1901 年的人。

"如果死亡率平台期真的存在，那意味着人类的寿命将没有极限。"这意味着长寿老人很可能真的可以"长生不老"，或者说理论上存在这种可能性。有解释认为，随着年龄增长，人类的基因始终在不定向、无序的突变中，因而衰老所带来的疾病也在身体中不断积累，当到达一定程度，这些有害的积累开始逐步发挥作用，引发死亡率的不断攀高，到达一定阶段，所积累的毒害火力全开但仍旧无法伤及生命时，人类便进入了一个平台期，情况再也无法变得更糟。

而一些人的长寿基因更是来自于遗传，这就像是出生时就中了彩票。而事实上，随着医疗条件的逐步提升，百岁老人也变得越来越多，出生于不同年代和时期的 105 岁人群死亡率也在缓慢降低，这也意味着人类的寿命极限在不断延长。

随着研究的持续深入，当数据库不断丰富以及生物、环境等因素被综合考量后，人们生命极限的预测很可能将突破 120 岁、125 岁，但毫无疑问，它也将伴随着质疑与争议。

3. 争议：生命不止一面

从受教育起，我们就开始畅想未来。儒勒·凡尔纳的《海底两万里》证明了这种畅想并非只是想象，它有着足够合理的理解依据。而对于生命的畅想，或者说对于未来人物画像的描绘，多表现在科幻电影或者科学研究最新成果上。然而科学是把双刃剑，电影则是对社会生活的反思，因此，从科幻电影到科学实验，生命的未来总是与争议相伴而行。

3.1 走进人们视野的"我是谁"悖论

2016 年 5 月，同期上映的两部英美科幻电影《幻体续命游戏》和《超脑 48 小时》几乎以同样的题材和创意，表达了在未来世界器官或记忆移植给人类自我认知带来的困惑和抗争。而近两年颇受一线大导青睐的漫改电影如桑德斯的《攻壳机动队》与卡梅隆的《阿丽塔·战斗天使》，同样借日漫元素来探讨人类如何与智能化结合的种种冲突与合理性。

与生命相关，众多科幻影片涉及了一个重要论题：生命能够重来的话，你愿意吗？换成陈述句的表达即"在科技足够发达的情况下，人的死亡会转变成人的意愿问题"。电影表达了我们所渴求的未来——人类有长期健康生存下去的解决方案。但说到底这些电影还是不倡导长生不老，或者是生命重来。

生命只有一次，反复重来或者永远不死都很可怕。影片主人公都有了第二次人生，但无一例外地发现寻找自我、活出自我才最重要。一个人成年之后，不可能愿意接受第二次人生，走别人的人生轨迹。所以说，生命重来的意义并不大，活好当下更重要。

3.2 生死边界的模糊

2019年4月18日，刊发的最新一期《自然》（Nature）杂志公布了一项研究，耶鲁大学的科学家们通过实验，让死亡4小时后的猪脑恢复脑循环和部分脑细胞功能。

论文展示了耶鲁大学医学院的科学家用"BrainEx"的系统，将一种类似血液的化学液体灌注到死亡4小时后的32个猪脑内，随后猪脑恢复了主要动脉、小

Volume 568 Issue 7752, 18 April 2019

Turning back time

The mammalian brain is extremely sensitive to fluctuations in oxygen supply and even short periods of time without blood circulation and oxygen can lead to cell death and irreparable damage. In this week's issue, Nenad Sestan and his colleagues reveal a technological platform consisting of a perfusion device, a cytoprotective and anti-neuronal activity solution, as well as a surgical procedure that can restore microcirculation and cellular functions... show more

血管和毛细血管的循环，部分脑细胞功能恢复，维持了至少 6 小时。但是，没有迹象显示这些猪脑中存在"感知、知觉或意识"。研究的下一步将是试图大幅延长维持这些功能的时间。

据 BBC，耶鲁大学神经科学教授、项目负责人塞斯坦（Nenad Sestan）表示，实验显示出脑细胞死亡是个缓慢的阶梯式过程，这一过程中某些活动可以被延迟，甚至是逆转。资助此项研究的美国国立卫生研究院（NIH）大脑研究倡议的团队负责人米钦纳（Andrea Beckel-Mitchener）表示，这一实验方向可能为研究死后的大脑带来一种全新方式。此项研究在未来有望帮助治疗中风以及其他会导致大脑细胞死亡的疾病。

不过，这项研究也引发了医学界关于伦理的争论。牛津大学医学伦理教授威尔金森（Dominic Wilkinson）指出："一个人一旦被诊断出脑死亡，那就意味着无法挽回。如果未来可以通过医学手段将死亡后的大脑恢复部分功能，患者却没有意识，这将对死亡的定义产生重要影响。"科技网站 Live Science 报道，杜克大学的法律与哲学教授法拉汉（Nita Farahan）认为，这项研究对长期以来关于如何认定动物或人类是死是活提出了质疑，科学家呼吁制定相应的指导原则来应对这项研究引发的伦理困境。

3.3 由"首例换头手术"引发的"我是谁"的思考

探索未知，直面不确定性，生命的未来向来与争议同行。如果说基因编辑引起的只是对实验伦理的讨论，"脑复活术"引起的只是生死边界的社会争议，那么"换头手术"引起的则是"我是谁"的终极思考。

2015 年，意大利医生塞尔吉奥·卡纳维洛与中国哈尔滨医科大学任晓平医生组成医疗团队，就人类史上"换头术"手术携手合作。2017 年 11 月 17 日，世界第一例在一具遗体上的人类头部移植手术在中国成功实施。

手术原理为患者身体与捐赠者已脑死亡的活体，双双从颈部切断，然后异体头身重建。手术的难点在于脊髓的连接，头部将麻醉状态并冷却在 12 摄氏度进行。手术流程可以用下面一张示意图来表示：

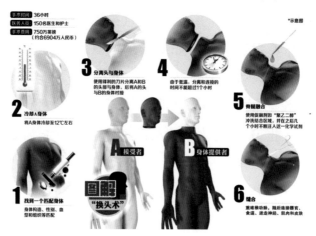

假设这项手术能够成功，接下来关于"我是谁"的问题才真正引起令人棘手的思考与讨论。

（1）活下来的是张脑

李股志愿捐献已脑死亡的活体，张脑的躯干不行了，假设张脑的头颅与李股的躯干手术结合之后，成功地醒来了，并且没有失忆。他记起往事，记起家人，记起曾经许过的愿。然后，医生帮他康复，开始尝试控制身体，不久，他能行动自如了。他知道，这身体来自李股。

他能自如控制这新的躯干，但是仍保留对旧躯干的记忆，记忆中的自己，与现在的自己在感觉上就有所不同。但他认为，他还是他，因为变化得毕竟不多嘛。比如，他的经验、学识、社会关系等都没怎么变。所以，他在身份认同上并没有发生多大的障碍，并且，周围人对他身份的认同也没有太多的障碍。

（2）活下来的是李股

后来因为一场战争让手术后的张脑和家人以及李股的家人逃难来到了另一个国度，并不得不终生在那里度过。

那里的人们普遍认为"屁股决定脑袋"即"位置决定思想"，比如一个组织换了首脑，组织还是这个组织，只是发生一点变化而已。所以，他们对换头手术的看法就是，头脑是为躯干服务的，换头脑我是谁？

我从哪里来？

我要到哪里去？

就如一个组织换了首脑。但头脑既然到了这个位置，就得为这个组织服务，思想也得跟着变。

张脑的家人和李股的家人也接受了这种"屁股决定脑袋"的主张，认为决定身份的是躯干，所以活下来的理应是李股而不是张脑，而过去只是没有认识到这一点，现在应当重新认识。

于是，这头颅里的意识变化着，社会关系在变化着，开始了解李股的过去与梦想，并渐渐进入了李股的身份，也感到自己失去了头颅，但又有幸得到新的头颅，虽然新头颅与旧头颅有些不同，并携带有原主的经验和学识，但那头颅的记忆不是自己的，那头颅的原本身份不是自己的。

是的，他意识到，他只是失掉了头颅，也失掉了头颅里的记忆、经验和学识，但并没有失去躯干和身份，并没有失去自己的过去与未来。

（3）活下来的是新人"张李"

十年后社会对此手术的认识有了变化，认为 A 的头颅与 B 的躯干结合而成为的新身体，应该属于一个新人，在身体上继承了 A 和 B，那么在身份上也应当同时继承 A 和 B。

即存活者应该叫张李，他有两双父母，张脑的妻儿也是张李的妻儿，李股的妻儿也是张李的妻儿。

如果周围人都这么认为，如果这头脑里的意识也懂得入乡随俗与时俱进的话，那么意识也会跟着变，而认为自己其实是张李，是一个新人，是张脑与李股的合并。

（4）张脑与李股都活下来共用身体

五年后，所生活的那个地区掀起了一场"男女平等"的运动，反对张李这个新人拥有两个妻子。

于是，这头脑中的自认为是新人张李的意识被迫发生了分裂，变成了类似"双重人格"，单周认为自己是张脑，而双周认为自己是李股，并将合并的一个大家庭拆成原来的两个不同小家庭，从此单双周两个人格轮流使用新身体。单周时的张脑能旁观李股，双周时的李股也能旁观张脑，两个家庭保持友谊，张脑能到李股家串门，而维持意识稳定，李股也能到张脑家串门，而受到欢迎。两个人的命运发生了这种交集，互相理解，互相帮助。

人们认为这时的张脑和李股并不只是心理上的人格，若说是人格，也已是社会化的、有劳动价值和人伦价值的"人格人"，因为，他们不仅仅具有主观意识，还具有客观的身份，都起到了社会成员的作用。

（5）四种情形的讨论

A 的头颅与 B 的躯干结合，活下来的会是谁呢？通过本故事不难看出，这问题得看情况，可能是 A 也可能是 B，也可能是 A 与 B 合并的新人 C，也可能是 A 和 B 都活下来了，只是不得不交替轮流共用新身体。

这与环境有很大的关系，因为，身体也许只是载体，人是社会的产物。而如果手术后是失忆的，那么更容易受环境的影响。如果头颅里的自我意识不能应环境的要求而变化，坚定地坚持自己，那么有可能被认为精神病，也有可能作为特例而得到社会宽容。一是看周围人的意见，二是看新身体的素质上做谁更合适，三是看做谁更幸福。不同的选择是不同的路，越走越像，走不同的路成为不同的人，继承不同的过去拥有不同的将来。

生命不止一面，它与争议同行。在涉及生死的问题上，科学的发展远非尽善尽美，但这绝不是我们阻碍科学进步的理由。回到"生命的未来"本身，当下人类本就无权给未来人类设限，但可以反思可能出现的"不良未来"。未来现象的正确与否说到底并不由我们这一代人来评判。

生命是多面而开放的，在争议中间行走，要更多一些包容。

四、人类未来，智能化依赖症还是物极必反

1. 和《未来简史》作者聊完 AI，我觉得自己会爱上一台冰箱

2119 年的一天，氪市法院审理了这样一桩离婚案。原告 A，一名 65 岁的男性，向法院起诉自己的妻子婚内不忠，请求法院判决离婚。然而，导致两人感情破裂的"罪魁祸首"却是一台冰箱。

也许生活在 2019 年的人，会对这个案件感到不可思议。但在《未来简史》作者尤瓦尔·赫拉利的判断中，100 年后人类夫妻因爱上电子设备而感情破裂，可能会成为一个并不罕见的现象。

以下摘取"36 氪"对尤瓦尔·赫拉利的访谈纪要，内容经编辑略有删节：

36 氪：很多人看完《未来简史》后，对未来充满绝望，因为在书里他们觉得人类没有未来。你觉得至少在现在，我们还应该对未来充满希望吗？这种希望应该建立在什么基础之上？

赫拉利：我们应该记住，技术永远没有确定性。在 20 世纪，一些国家利用电力、火车和无线电的力

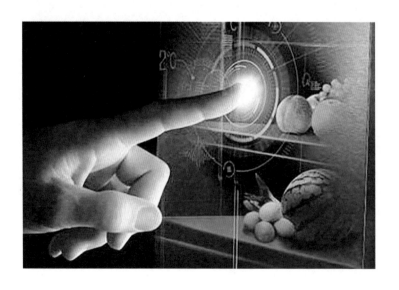

量创造了像纳粹德国这样的极权主义独裁政权，而其他国家则使用完全相同的技术创造出了自由、富有同情心的社会。同样，21世纪的技术也能创造出完全不同的社会，这取决于我们自己的决定。

最糟糕的情况是，人工智能会把数亿人赶出就业市场，这些"无用阶层"的人们将失去自己的经济价值和政治权力。与此同时，AI也会让另一小部分精英人群升级为"超级人类"。再加上未来每个人的行为、思考都可能被实时监测，因此普通人类也许将无力招架这群"超级人类"。

最好的情况是，新技术不会造成"无用人类"和"超级人类"的区隔，反而将使所有人免于疾病和艰苦的劳动，更有精力去探索自己真正的潜力。

36氪：如果未来人类能够通过新技术（如放置颅内留电刺激器、植入芯片等）操控情绪，那感情也能被操控吗？亲情、爱情、友情这些感情将何去何从？

赫拉利：这是我们面临的最大问题之一。人类很快就会掌握能够大规模监控和操纵情感的技术，但我们仍然缺乏使用这种技术的智慧。日常生活中的一个具体例子是：一旦机器比家人更了解我们，将会发生什么？

我们都知道，人类渴望得到理解，常常希望身边的人（母亲、老师、妻子、老板）可以理解自己的感受。不过在日常生活中大家都专注于自身，所以很多人常常无法理解他人的经历。相反，机器可以直触我们的心灵和大脑，同时又不会分心关照自己的情绪，所以它们能敏锐感知人类感受的微小变化。想象一下，当你下班回家压力很大、脾气暴躁时，也许你的丈夫没有注意到你的情绪，但你的冰箱会立刻察觉并提供能舒缓心情的食物。这带来的后果是，我们会完全习惯机器，同时又对他人极其不宽容。如果这样的事真的发生了，会对人际关系和人类社会产生什么影响？

人们通常担心机器冷酷无情，但问题可能恰恰相反。更重要的是，对这些即将彻底改变政治、经济和日常生活的事情，我们可能无力招架，因为我们对人类幸福和苦难的深层来源知之甚少。

2. 人类消除之灭霸计划的理性讨论

看过《复仇者联盟3》的人都知道，灭霸老师怀抱伟大理想，那就是计划生育保持宇宙平衡。为此，他不惜与几乎所有的超级英雄作对。因为，只要集齐六颗宇宙原石，然后再轻轻地打个响指，宇宙上就会有一半生命随机消失。这就是灭霸保持宇宙平衡的方式。

生了一胎就住手，灭霸和你交朋友。

但是，企图用消灭一半生命的方式来维护宇宙秩序的"紫薯精老师"可能还是"too young, too simple, sometimes naive"。人口消失一半之后，宇宙的失序很可能才刚刚开始。

（1）短期影响

人们逐渐开始陷入恐慌和悲痛之中，商店关闭，工厂停产，股市崩盘，金融系统崩溃，社会失序。人们会开始猜想消失的人们都去哪里了，一时谣言四起，阴谋论盛行，大家都把矛头指向自己的宿敌。对立矛盾之间会互相猜疑甚至直接开始互相攻击。

这个影响主要存在于社会层面，一半生物的突然消失并不会因为降低地球质量而对运转产生影响。

而且，即使地球上的人类都消失了，对地球质量的影响也是微乎其微的。

所以一半人口的消失，不会对地球本身的运转产生影响。

（2）中长期影响

灭霸的初心是"通过人口减半，解决资源紧缺，实现宇宙的平衡"。在灭霸的想象中，只要人口消失一半，资源紧缺的问题就会迎刃而解。但实际上，任何种群的数量都是浮动的，而变成原来一半的数量时是人口增长最快的时期。

在现实环境中，不管什么物种都会面临着资源和环境的限制。每个种群的数量都不会无限增长，总会达到环境能承载的最大值，这个点叫做环境承载量 K，此时，出生率和死亡率相等，物种数量不会再增长。现在大部分的生物都是处于现有环境下的稳定状态，也就是 K 值。

如果此时消灭一半的物种数量，就会达到 K/2，这是物种增长最快的时候。

所以灭霸打完响指之后，物种会以逻辑斯蒂曲线中最快的速度增长。一种可能是重新达到原先的 K 值，另一种可能则是由于资源和环境的变化，最终达到一个有别于原先 K 的新的平衡点。总之，不管是哪种可能，灭霸的响指都不是一劳永逸的。

其次，从人的社会分工也就是职业的角度来说，所做的工作不同，承担的责任也就不一样。假如世界上唯一一位掌握最核心技术的科研人员消失，并且这门技术将会给世界带来巨大改变（如癌症或艾滋病治愈术等），那或许一切都要重来，已有的科研突破也会化为乌有。

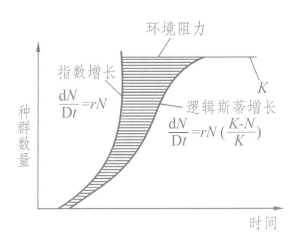

所以，虽然消失的概率是相同的，但是现实的社会资本的分配却是不等的。需要能力越大的职业就承担了更多的社会责任，也就更难承受消失一半从业者所带来的影响。

因此，无论从短期还是长期考虑，灭霸的计划都不太靠谱。

3. 电影语言对生命未来的反思[1]

科幻电影给予我们思考未来的着力点。下面分享的五大经典台词，让我们在未来的影像之外，从语言的光芒中寻找对生命可能未来的反思。

1　文章内容节选自《银河系科幻电影指南》，世界图书出版公司北京公司 2017 年版。

NO.5

"我很抱歉，大卫。我恐怕不能这么做。"

"I'm sorry, Dave. I'm afraid I can't do that."

出处：《2001太空漫游》中的HAL

点评：当太空船中仅剩的宇航员大卫想回到飞船里时，他发现舱门被关上了，他问控制飞船的智能计算机HAL9000怎么回事，HAL若无其事、非常平静地告诉大卫，它不能把舱门打开。后来大卫找到了HAL的控制板，一片一片地把HAL的记忆芯片拆下来，HAL紧张地央求大卫停下来，最终它的智能回复到了一个孩童的初级阶段。它唱着最初博士教给它的歌儿，越来越慢，终于不出声了。这句台词背后展现了最初对电脑智能化的忧虑与恐惧。HAL的冷静、单纯、缜密以及疯狂让它显得比任何杀人狂都可怕。

NO.4

亨利·吴："你是在暗示一个全由雌性生物组成的种群也可以……生育？"

伊恩·马尔科姆博士:"不,我只是在说,生命……唔,总会自己找到出路。"

出处:《侏罗纪公园》

点评:影片一开始就提到了当时还很新鲜的混沌理论,而马尔科姆博士的这句台词"生命总会自己找到出路"更是寓意丰富。自然总会按照自己的规律而不是人的意志来前

进,人为的控制有时只会造成更重大的灾害,一旦人类试图扮演上帝,悲剧就可能随之而来。可惜看过《侏罗纪公园》的人们往往忘记了这句精妙的台词,只记住了巨大的恐龙。

NO.3

"人类属于某种比我们自身更伟大的东西,那就是,我们不是宇宙中孤独的一员!我希望,我能够与你们分享我的感觉。我希望,每个人,哪怕只有一刻钟,能够感受到那种敬畏、谦卑和希望。当然,那只是我的一种期望。"

出处:《超时空接触》中的艾丽博士

点评:由于科学家卡尔·萨根参与编剧,《超时空接触》具有了一种科幻电影少有的浓厚的专业气息,

一种强烈的科学精神。它讲的是科学家的梦想与困扰，讲的是宗教与科学的关系，讲的是科学精神与官僚体系的矛盾，讲的是人们探索未知的天性。

在听证会的一段戏中，影片借知性女星朱迪·福斯特之口阐述了人类对无限宇宙的敬畏、向往与对真理的不懈追求。当对方问艾丽博士为什么不能承认这段太空旅行根本就没发生过时，艾丽博士没有为自己辩护，她是在为人类的科学精神而辩护。

NO.2

"未知的未来在我眼前展开。面对未来，我生平第一次感到充满了希望。因为如果一台机器、一个终结者，都能懂得人生的价值，或许我们也能。"

出处：《终结者2》中的莎拉·康纳

点评：最后这段台词把整部影片提升到了一个新

的高度——它既是悲壮的，又是充满希望的，正如这个世界一样。狄更斯在《双城记》中所说："这是最好的时代，也是最坏的时代。"我们看到影片结尾处，莎拉·康纳开着车子在暗夜的道路上行驶，一片漆黑中，车灯仅仅能照亮前方的一点点路程。虽然预言中莎拉·康纳会因癌症而死去，但在重新体会到了人性的可贵与价值之后，她却对未来充满了信心。这就如同是浮士德临死前喊出的那句"你真美啊，请停留一下"！令人在掩卷之后，充满遐思。《终结者2》就此从一个躲避不死机器人追杀的惊悚故事上升到了对人类存在意义的永恒思考。

NO.1

"我曾见过你们人类无法置信的事情：战舰在猎户座的边缘起火燃烧；C射线在星门附近的黑暗中闪耀……所有这些瞬间都将湮没在时间的洪流里，就像雨中的泪水……死亡的时刻到了。"

出处：《银翼杀手》中的复制人首领巴蒂

点评：这是科幻电影中最为经典的一段台词了，

甚至可以说放到电影百年中来看，这段台词都是极其出色的。它像一首诗一般优美、宏大、忧伤、沉郁、神秘、旷远，似乎把人类（或者说复制人）的历史浓缩放在了整个宇宙星空的背景下。

在影院版中，在这一段台词之后，还有哈里森·福特饰演的迪卡德的一段内心独白："我不知道他为什么救我。也许在自己的最后时刻，他前所未有地热爱着生命——不仅是他的生命，也包括所有人的生命，我的生命。他想要的答案其实和我们困惑的问题一样：我们是谁？我们从哪里来？我们要往何处去？我的生命还剩下多少时间？"

五、人死不了，这个社会会怎样？

米奇·阿尔博姆在《时光守护者》里说："只有人类丈量时间。也正因为这样，只有人类才要承受其他任何生物无需面对的巨大的恐惧：恐惧时间不够用。"这样看来，人类生命的延长，是科学发展送给未来的最好的礼物。

不妨再向前走一步，畅想生命未来的"最好结局"发生——人类永生。永生即脱离死亡。在医学也足够发达的未来，人可以慢慢认知世界，慢慢做梦、圆梦，做任何想做的事情。在什么愿望都能通过科技满足的时代，死亡会成为唯一的奢求。相声演员方清平曾在作品里调侃过，永生时代的人类，其生活也会趋于"可悲"。吃饭吃高密度药丸，住统一规格的"未来盒子"，两口子悄悄话说尽，熟人间结婚已经结过几轮。因为地球资源有限，所以人们不仅不再生育下一代，还要缴纳浪费资源税。好的话，在未来人究竟应该活多久很大可能会转变成人的意愿问题。不好的话，自永生时代到来，便会开始寻死而不得的无限事件。想来"人死不了"，也是没有意思的事。

人们不愿意接受死亡是一种永远无法回避的自然法则。而恰恰是这不可回避的死亡赋予了生命的意义，让人在有生之年做更多有意义的事情，提升生命的质量，珍惜重要的人。在新上映电影《复仇者联盟4》的结尾，美国队长穿越回过去送还宝石，却没有穿越回来继续当超级战士，而是选择留在过去与初恋在一起，安宁平静地过完一生。豆瓣网友评论美国队长说："曾经说着我可以打一天的热血傻小子，最后选择了爱情，跳完了那只错过的舞。"

没有人能够真正预测生命的未来会怎么样，功利的"死不了"的未来太过单薄且缺少意义，一个好的发展方向无疑是未来增加生命长度的同时，培养生命的深度和厚度。未来，在高科技的加持与智能化的带领下，生命将会走向全新的领域，也许目光所及均为 120 岁的耄耋老人，也许在科幻电影中的未来场景会成真。人类的生命在畅想中呈现出了丰富多样的可能性。

从生命的"长宽高公式"拓展生命价值，过无憾的人生；生与死的抉择时刻，真正为自己做主；辩证的生死观里，根据自己的信仰来敬畏生命；面对生命未来的争议与进步，以开放的心态去迎接和拥抱。这样的生命，从现在到未来，都值得多姿多彩。

未来已来，只是还未流行。生命科技的探索边界依旧在不断扩大，人类生命的未来，仍旧值得期待。

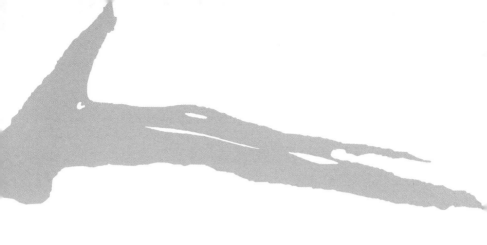

附　录
生命的故事

1. 我的生死观

雷群明

一般人所谈的人生观包括了对人的生和死的看法，我在这里集中谈与人死有关的问题，故曰：我的生死观。

1. 不怕死

人有生就有死，是必然的，谁都逃不过。因此，应该不怕死，而且怕也没用。怕死还是要死，不如不怕。鲁迅有一幅《无常》图：一个拿扇的无常嘴里念的是："哪怕你铜墙铁壁，哪怕你皇亲国戚！"说得最明白不过：无论你是谁，都逃不过它这一关。我们以"不怕"的坦荡之心对付它"哪怕"的"威胁"，就会舒服得多。

司马迁说："人固有一死，或重于泰山，或轻于鸿毛。"毛泽东也曾说："为人民利益而死，就比泰山还重；替法西斯卖命，就比鸿毛还轻。"文天祥临刑前慷慨激昂："人生自古谁无死，留取丹心照汗青。"其实，前两位只说了两个极端，而忽视了中间的大多数。后一位更只能是历史上的极少数人。就大多数人来说，无所谓泰山鸿毛，只不过平平常常地"过日子"，好一点的，或许在自己的工作岗位能够做出一点成绩，在大大小小的不同范围的"青史"上，留下一个美名；差一点的，不过终生为了一个饭碗转而已。更不济的，一辈子在贫困线上挣扎，甚至生不如死。因此，对于个人的死，也不必有过高的期望，不必求轰轰烈烈，平平常常，顺其自然就好。

2. 争取健康长寿

不怕死，不等于把生命随便付出。谁都知道，人生出来，就注定要死，但不知道的是什么时候，以什么方式死。这个"不知道"里面，有文章可做，就是用自己的努力，向无常抗争，力求达到健康长寿的最好结局。就是希望自己得以善终，最好是"期颐之寿，无疾而终"。希望避免临死前的久病和痛苦。长寿一定要健康，至少能自己照顾自己，不拖累他人。如果躺在病床上靠别人的照顾维持"长寿"，那对自己，对别人，都是一种痛苦。这样的"赖活"，还不如早死。像传说中的巴老，植物人似地为别人活过100岁，说是对自己的"惩罚"，说明不健康的长寿，对谁都没有好处。人们相骂时，往往咒骂别人"不得好死"，实际上也是看到了其中的"奥秘"。

为了健康长寿，人们有无数的设想和办法，我们应该"择其善者而从之，择其不善者而改之"，让无常在比较多的时间里对我们无可奈何。

不如没有的好。再说，我活着时不愿麻烦别人，死了倒要麻烦人家奔来奔去，也说不过去。

不送花圈。主要不想让人花冤枉钱。

不留骨灰。骨灰盒太小，存骨灰盒的地方"人"太多，如果我泉下无知，倒也罢了，倘若不幸泉下有知，与那么多不相识的"人"挤在一起，我会觉得不舒服。而且我还担心大人物和名人继续以势压人。我喜欢自由，还不如做个自由的鬼为好。而且，不留骨灰也省去了"扫墓"的麻烦和浪费。孩子们和后人如果真的想念我，可以看看我写的东西和留下的照片，找找令你们高兴的片断。

人一年年老去，死期难料，趁现在脑子清醒，写下这些话，留给家人和组织，希望以后能得到实行。

2007 年 8 月 22 日第一稿

2007 年 9 月 15 日第二稿

2. 对人生谢幕的审美感悟

姚全兴

一

老顾是我的已故朋友，曾经和他相处甚欢。他文理兼备，博学多才，不仅是精通无线电技术的高手，满足口腹之欲的美食家，还能在业余时间用生花妙笔表现人生，用浓墨重彩描绘人物。他生前常常和我侃侃而谈，他从昆明到上海的有趣故事，对文学、音乐和绘画的艺术理解，议论历史人物的沉浮和功过时，也滔滔不绝，神采飞扬。尽管他说话时有期期艾艾的口吃，但不妨碍他是一个善于生活的性情中人。可惜病魔硬生生地夺去了他的生命，怎能不使我无限伤感，哀思绵绵呢。

二

去年秋风萧瑟时节，细雨蒙蒙中，汽笛和哀乐交响，花瓣和骨灰相亲，泪水和海水连接。举行上海市第 318 次海葬活动的海葬船缓缓地离开吴淞码头，驶向长兴岛附近海域，我去参加老顾的海葬活动。他在世界的另一头安息了，但我心头的牵挂永远不会放下，谁叫我们是多年的好友呢。靠着船舷栏杆，慢慢地将拌着鲜花的骨灰撒向苍茫的大海，同时悲痛的心情像铅一样重重地在海水中沉下去。如今社会提倡海葬，不少逝者家属积极响应，大海成了逝者最后的归宿。我虽然不忍和老顾永别，但看到海葬过程中许多逝者家属的情绪渐渐平和，我的伤感也渐渐化为慰藉。

三

海面开阔，波澜不兴。我的心情平静下来，还由于海葬活动仪式开始时，屏幕显现海面上波光帆影，旁边有一行醒目的文字"在大海中诗意地栖居"，此文字从德国诗人荷尔德林的诗句"诗意地栖居在大地上"化来。化得真好，好就好在诗意地栖居不仅可以在大地上，也可以在大海中，从而把诗意地栖居场所扩大了延伸了，大海和大地一样成为人栖居的好地方，它们在哲学境界上是相同的，都具有深刻的意义和存在的价值。区别在于大地是生者有限的诗意地栖居场所，大海是逝者无限的诗意地栖居场所，逝者正是从滚滚红尘的有限走向冥冥之中的无限，达到生命的永恒。

德国哲学家海德格尔对荷尔德林的诗句非常赞赏，认为人的生活要有诗意。这实际上是指出过分的物质追求会使人的生活失去诗意，从而陷入苦闷。避免这种苦闷的唯一途径，就是人必须有充满诗意的自由情怀，在生活中应该诗意地栖居，也就是追求人与自然的和谐。由于人的生存和死亡从本质上看，是生命的转换或轮回，因此，人死亡后和生存时一样需要诗意地栖居。从这个角度看，海葬这种殡葬方式，让逝者和生者共同具有诗意的自由情怀，共同趋向人与自然的相互契合和融会贯通，从而符合中国哲学中天人合一的思想和境界。也因此，在海葬仪式上出现"在大海中诗意地栖居"这行字，既表达了海葬的融哲理和诗意于一体的深刻意蕴，又有化解悲痛情绪提升精神境界的作用。

我望着无边无际的海水，默默地想，人从自然中来，应该回到自然中去。有史以来，人对水寄予无限美好的向往和遐想。在许多神话和传说中，人都把水和神、幸福、美好、不朽等连接在一起，在安葬逝者的时候，会很自然地联想到水葬，认为是神圣的、功德无量的。很久以前，人类认识到最大规模最理想的水葬无疑是海葬，而且无边无际的海水是相通的，把逝者葬在海里，自己无论到哪一处海边，都可以看到他，祭奠他，让逝者更尊严，让生者更安心，体现了先进的生命伦理、人文精神和民生情怀。

是的，海葬，是哲理和诗意的并存，是真善美的综合，是人生最好的归宿。

四

船舷甲板一侧，三人小乐队奏出的送别乐曲，沉重而悠扬，令人浮想联翩。我两鬓苍白，垂垂老矣，这次随海葬船出海，在为老顾送行的同时，也对人生谢幕这个不可回避的问题有了新的感悟。在我看来，海葬不仅富有哲理，还蕴含诗意。这诗意，就是美感。我认为人活着固然要礼待生命、敬畏生命，对生与死关系的考量，还要有审美的观念和眼界。这样，才能在人面临死亡的时候，让人生庄严而又美丽地谢幕。

作家琼瑶给儿子、儿媳交代身后事的公开信，实际上是一种生前预嘱，但这生前预嘱非同一般，具有鲜明的生命美学意义。她说："生时愿如火花，燃烧到生命最后一刻。死时愿如雪花，飘然落地，化为尘土。"还说，"我写这封信，是抱着正面思考来写的。我会努力地保护自己，好好活着，像火花般燃烧，尽管火花会随着年迈越来越微小，我依旧会燃烧到熄灭时为止。至于死时愿如雪花的愿望，恐怕需要你们的帮助才能实现，雪花从天空落地，是很短暂的，不会飘上好几年，让我达到我的愿望吧！""生时愿如火花，死时愿如雪花"，此话既有深邃的哲理，又有斑斓的诗意，可以和印度诗哲泰戈尔的不朽名句"生如夏花之绚烂，死如秋叶之静美"，相媲美相辉映，同样真切而形象地揭示了生命美学的真谛。

五

生命美学指出生和死都有审美的意义和价值，前者如"生时愿如火花"，后者如"死时愿如雪花"。生命审美包涵死亡审美的态度和观点。生死相依，死亡是生命的终结，又是生命的开始，它促使人们从生命限度的角度观照死亡之美，发现死亡之美不亚于生命之美，是生命之美另一种形式的体现，是生命之美发展的终点。美国小提琴大师梅纽因在自传里描述死亡："就像到河边去赴一个快乐的野餐似的"，"我希望组成我生命的元素能尽快地回到大自然中，载歌载舞，回归土地……到大树下、小河里，那就是我的选择。"梅纽因对死亡的态度是如此洒脱、率直，就像他的琴声一样轻盈而灵活，不失生命的律动和永恒。

再如日本著名画家、作家东山魁夷讲述生死轮回的美情趣横生，又不乏隽永的意蕴。他在《一片树叶》一文中说，叶落归根，绝不是毫无意义的自然现象。正是这片片黄叶，换来了整棵大树的盎然生机，这一片树叶的生长和消亡，正标志着四时的无穷变化。同样，一个人的死关系着整个人类的生。死，固然是人人所不欢迎的，但是，只要你热爱自己的生命，同时也热爱他人的生命，那么当你生命渐尽，行将回归大地的时候，你应当感到庆幸。梅纽因和东山魁夷有一个共同点，就是对死亡看得很坦然，很深刻，很潇洒，很美好，表明死亡有不可漠视的审美价值，使我们迫切要做一件很现实很重要的事情，就是把智者哲人对死亡的态度，转化成普通人对死亡的态度。在这方面，需要思想解放，也需要加强力度，以形成一个死亡审美的新氛围新视野新理念。这也就是现实中十分重要，需要大力研究的生命美学，积极实施的生命美育。

　　琼瑶说的"生时愿如火花，死时愿如雪花"，完整而辩证，深刻而通俗，生动而鲜明，表达了阐明了生与死具有的审美意识、理念和价值，值得我们每一个人细细体会和深深思索，有助于我们走向人生终点的时候，更好地告别这个世界。这就是我这个七十多岁的老者，通过参加海葬活动的亲身经历，对人生谢幕的审美感悟。

3. 生与死——活着为了什么?

叶惠麟

人生之始为生，人生之终为死，人生是在世间走过的那一段路途，渡过了六十八年已是奔七之时，生与死——活着为了什么？是我需要认真考虑的问题。

岁月蹉跎，起伏跌宕，正是我的人生写照，不仅承受过母亲因所谓"家庭历史问题"（外公系清末太医），从干部岗位下放到废旧仓库劳动，眼睛模糊了，手脚也损伤了，尤其腰椎畸形再不能直立，致使夭折画家生涯的悲情；而且我个人也经受过种种罹难，从西双版纳傣乡插队落户、军工单位入党转干，作为干部调回上海进入医药行业，近半个世纪，历经三次工伤的痛楚，几次住院的重病缠身，还有政治仕途三落三起的考验，精神和肉体都受到过严重的创伤。

但是人生给了我启迪：对于生与死，我们无法左右，也无法选择，但能把握生与死之间的人生路途，这是自己的选择，不是任何人，也不是命运的安排。人活着靠的是精气神，精是生命的起源，气是维持生命的动力，神是生命的活力，就是在追求自己的理想和志趣中，实现自己的人生价值，才能面对死亡时不留遗憾。

"人不知而不愠，不亦君子乎"，我称不上君子，但自信为人耿直执着，我行我素。生命之舟停戈在六十八岁的港湾，再次回眸自己走过的路途：我是业余的散文作者，半个多世纪笔耕不辍，在报刊上发表了八百多篇散文、杂文、小说、中医药文章等，曾获得过全国的、上海市的文学奖项，并加入了中国散文学会；2007年再次昏倒在办公室，不得不在家养病直到退休，2011年又因右额叶脑梗后，思路迟缓，行动不便，不得不走下文坛；我又从事着中医药文化，三次参与中医药行业志的编纂撰写，至今依然在为中医药文化工作，独立完成数百万字的医药历史、知识、理论等资料。走下文坛后，我努力地把自己所知所得的中医药文化、医理药道知识和医药业轶闻逸事、传说故事，运用本草散文形式用博文发在老小孩社区网，向网友老师们做宣传，继续为"传承中医药文化，弘扬国粹精华"的人生使命而努力。

人生一世，草木一秋。生与死——活着为了什么？虽然一生坎坷曲折，却让我在风雨漂泊中体验人生，感悟人生，探索人生，获得属于自己的人生价值：对人真诚，对友真心，对己实在，拥有一颗炽热的心，执着的毅力，无私的精神，展示自我的风采，坚定"我的人生我做主"，活着就要为实现中医药发展梦奉献一切。

人不能碌碌无为地虚度一生。我几度病倒在床，靠着精神的支撑，一次次地站了起来，继续奉献；我不知道自己能活多久，但我既然选择了自己的目标和奋斗的方向，活着一天，就要努力让生命实现自我的人生价值。

4. 我想要无憾的生命

生命只有一次，人只有一生。这一生和谁过是个大问题，这一生如何过是个更大的问题。同样的问题，会有不同的答案，比如，有的人想要怒放的生命，有的人追求财富人生。我是一个凡人，只想要无憾的生命。

需要说明的是，无憾的生命并不是指在生命的长河里没有一点遗憾，而是指经过生命的觉悟，坚定地追求自己想要生活的过程。可能正因为曾有过遗憾，才更加向往无憾的生活；正因为曾经犯过迷糊，生活在别人的目光里不敢走自己的路，才有醒来后走自己的路，过自己想要生活的倔强与执著。我将用余生去追求想要的生活。

有爱的生活。有爱的生活才丰满，才美丽。我对物质生活的要求一直不高，但对精神生活的要求又一直很高，是一个精神世界丰富的人。而在精神世界里，最让我动心的一是爱，二是美。而爱与美在很大程度上又是联系在一起的，爱一个女孩，可能因为她美才热爱，也可能因为爱才使你感到她是那样美，情人眼里出西施说的就是这种情况。

爱情如此，亲情也是如此，俗话说得好："儿不

附 录 生命的故事 | 177

嫌母丑！"天底下儿嫌母丑或母嫌儿丑的情况一定不多，其中最重要的原因就是爱！对大自然的爱也是如此。其实，生命本来就是如此，生命因热爱而美丽，你若爱，生活处处都可爱！所以，我追求有爱的生活，爱家人，爱友人，爱这个世界。我愿意把时间花在陪伴家人、与友人欢聚和享受大千世界的美好上。

有尊严的生活。我是一个自尊心很强的人，想要有尊严的生活。所以，当在生活里遭受委屈，自尊心受到损伤，我的心会很痛，甚至愤怒！但慢慢地我悟到：生活里所受的委屈，消化了就是成长的动力，消化不了才会变成愤怒和脾气。于是，我慢慢地消化委屈，把它化为成长的动力，逐步地提升自己，也因自我的提升收获了更多的尊重。这又使我悟到：水穷处正是云起时，人生有许多痛苦，其中"成长的痛苦"就是喜悦。我不仅要有尊严地生，也要有尊严地死，如果我不幸患了癌症等重大疾病，早期发现尚能医治的话，我一定顽强地与疾病抗争，如果到了晚期，已经回天无力，我不要任何有创治疗，不要延缓没有质量的生命，我要有尊严地走，不去占用宝贵的医疗资源，也给我的爱人、亲人、友人，给这个世界留下我最后的尊严。

有书香的生活。我常想，读书人是幸福人。因为读书人除了拥有现实的世界之外，还拥有另一个更为浩瀚也更为丰富的世界。现实的世界是人人都有的，而后一个世界却为读书人所独有。我的业余时间大部分是花在读书上，书籍成为我观察世界、了解世界和与世界交流的窗口。阅读使我的精神世界更丰富，每当我读一本好书，就感到是在和许多高尚的人谈话，使我惊喜地发现原来这个世界还有那么多美好的人和故事，这使我的心灵得以洗礼，从而使我的心变得安静、变得美丽、变得柔软。而心安静，我的世界才能安静，心美丽，这个世界才美丽；心柔软，才有天地的柔软，才有善良和美好的生活。

有温暖的生活。我常常感到亲情、友情的美好以及人性的善良所带来的温暖。记得小时候有一次爸爸带妈妈到外地看病，家里就我一人，顿顿都吃茄子、白菜，没有一点油水，这时，一位伯伯为我送来一碗红烧肉，那个美味，至今难忘；记得从阜阳到北京读大学时，有一天小姨父推着自行车送我去火车站，车后面放我的包，车把上挂着小姨为我准备的油炸食品，到了车站，小姨又把15元钱硬塞到我兜里；记得我带妈妈从蚌埠到合肥去看病，在上火车的时候，我背着妈妈、脖子前面还挂个包，汗流浃背地上火车，素不相识的人纷纷为我亲爱的妈妈让座；记得前不久我的文章《用最温情的爱"心祭"

我的大姨》入围殡葬改革十佳记录者之后，在网络投票阶段，我的同事、同学、同乡、亲友、学生，以及并不熟悉但喜欢这篇文章的网友踊跃为我投票、点赞、留言，并最终使我高票入选十佳的情景，我都心生感激、心生温暖。

有意义的生活。生命的意义在于对它人、对社会所做的贡献。我已经从这个社会获得了很多爱和温暖，也想用更多的爱和温暖来回报社会。我以研究传播生命文化和幸福人生的思想为己任，阅读、思考、写作、传播，出版了专著《生如夏花》和《热爱生命》，发表相关文章数十篇，并有多篇文章获省部级奖励，我还利用各种机会以论坛、座谈会和授课等方式与我的同行、学友以及高校大学生一起分享研究成果，并从大家的鼓励中收获幸福和前行的力量！我是一个和自己赛跑的人，看重的是今天的我比昨天的我又有进步和提升，而不是和别人比高低、论短长。我不会抱怨这个世界没有伯乐，我想的是如何才能使自己成为千里马。因为我深信，在这个世界，每个人的奋斗都不会被辜负，当然也不会辜负如此热爱生命的我！

墓志铭是人一生的写照，我主张要由自己来写，因为每个人都应对自己的生命负责，要提前写，因为生命有太多的无常。我已经写好了墓志铭并以此来时时提醒自己，要过自己想要的人生：

我爱读书，爱思考，爱这个世界；
我勤奋，我善良，我倔强；
我热爱生命，为爱而生，向死而生；
我活得温暖、活得快乐、活得无憾！

5. "站在死中，去看生"——从列子说到史铁生

沈栖

"站在死中，去看生"，这是著名作家史铁生生前留下的一句名言。战国时代的列子与当代的史铁生看似风马牛不相及，但倘若来一番"穿越时空"，那么，两者的生死观竟有惊人的相似之处。

先说列子的生死观。列子是与老庄并列归入道家流派的。有学者认为"《列子》除了第一篇《天瑞》的前半部分着眼于对本体论的阐发之外，从第一篇后半部分直到全书末尾，都是对生死理论的表述"，可见生死观在列子思想中所占据的举足轻重的地位。其实，在先秦时期，诸子百家都有自己的生死观，见智见仁，众说纷纭。

就列子与同时代最大的学术流派儒家相较而言，两者对生死的视角各异，简而言之，前者关注的是生死的私人性，后者注重的是群体性。儒家是把一个人的生（幸福或痛苦或不幸）寄托于君君臣臣父父子子的社会格局中，又用繁文缛节的丧葬之礼来慰藉死者与生者之间的血缘亲情，生与死都被家族化即群体化了，生是作为群体功能（繁衍）的生，死也是由群体来承担（家族式丧礼）的死。而列子是以一套"元气化生"的理论来诠释人的生死，

庶几与群体无涉。他认为"清轻者上为天，浊重者下为地，冲和气者为人"，人的生命由阴阳二气和合而成，同时又无时无刻在变化，死乃是这种变化的终极——气之聚散而归于寂灭。列子还明确地将人的"元气化生"即生命分为四个阶段"婴孩也，少壮也，老耄也，死亡也……其在死亡也，则（气）之于息焉"，向至虚本体回归，获得另一意义的永恒的"生命"，这可说是"物质不灭"的另类说法。

列子从多个角度阐述了"身即是幻，而生者必终"的生死观，旨在打消世人对生的过度眷恋和对死的极度恐惧。一部《列子》的基本思路，我认为就是：从"群有以至虚为宗"的本体论命题出发，经由对认识手段的反思达到对"生实暂来，死实暂往"和"死则返其极矣"的服膺，从而祛除困惑和惧慌，坦然地接受死亡。假若一个人没有恋生怕死的奢望，那他就能从容地做到"达生乐死"，有生之年的每一天都过得有滋有味、有声有色。

史铁生堪称列子"达生乐死"理念的当代传承者和实践者。史铁生短暂的一生，命途多舛：1969年到陕北延安地区插队，21岁生日当天住进医院，从此再也没有能站起来。1981年患了严重的肾病，手术后只留下一个受损的右肾。躯体的千疮百孔给史铁生的内心带来极大痛苦，写作成为他精神苦闷的唯一宣泄——以一种文学的诗化手法和自我宽慰的心态去面对苦难和困境。在长达近40年与疾病相搏的时间里，史铁生似乎承担了整整一代人的苦难，但他没有抱怨，没有消沉，更没有绝望，相反，他正确地认清了生与死的本质，用一种"神性"的眼光打量着外界"赐予"他的沉重苦难。他甚至极而言之："假如世界上没有了苦难，世界还能够存在么？"

　　似乎没有史料说明史铁生生前对列子及其思想有何评说，但人们还是可以清晰地体悟到在他的思绪潜流中不时激起"达生乐死"的浪花。史铁生虽说病魔缠身，常受生活的重轭，但他明言："我不想用活着的压抑来换取身后的余名。"他温情脉脉地将目光投向人类永恒的美好——爱，并把它视为"站在死中，去看生"的题中应有之义。他爱含辛茹苦的母亲，爱和睦相处的邻里，爱昔日共同求知的同窗，爱在战天斗地中结下情谊的战友，爱给他莞尔一笑的路人，爱有志向的年轻人，甚至对小生灵也充满爱怜之情。一个饱受残疾之苦、随时会与"死神"相遇的人却如此渴求爱、祝福爱，并且以非凡的视角阐释爱，这需要何等的情怀，何等的哲思！史铁生清醒地意识到死的必然和生的痛苦，但在"爱"的支撑下，把这一切都诗化并赋予其生命的神性涵义——将生命寓于过程的哲理性思考，同时还有着对精神世界彼岸的殷切期待，委实是其心灵的一种诉求。

西方学术界普遍认为"以生克死，向死而生"是近代以来现代科学赋予现代人的生存理念，其实这是"井蛙之论"，至少他们罔顾中国传统文化，没能涉猎和认同列子。毋庸讳言，我国长期"乐感"文化的积淀使得人们的哲学视野，难以顾及"死"这样具有一定深度的话题，即便偶尔言之，也多为诸如"不知生，焉知死"之类的遁词，但列子则不然。而当代的史铁生更是以其作品黏附着他对生死问题的无限追问和诘疑，其成名作《我与地坛》中写道"我常会一连几小时专心致志地想关于死的事"，想的结论是什么呢？且听："死是一件不必急于求成的事，死是一个必然会降临的节日"，"死是一件无论怎样耽搁也不会错过的事"（《我与地坛》）；"我有时候倒是怕活。可是怕活不等于不想活呀！可我为什么还想活呢？因为你还想得到点什么，你觉得你还是可以得到点什么"（《秋天的怀念》）；"无论生死，都是一条无始无终地追求完美的路"（《昼信基督夜信佛》）；至于那部长篇未竟稿《回忆与随想：我在史铁生》，读者不仅能够感受史铁生面对生存与死亡，尤其是死亡时的坦然，更会为其"用生命写作"的热情而动容。——这些充满良知和睿智的论述几乎可以解读为列子"生实暂来，死实暂往"的现代版。

美国耶鲁大学哲学教授 Simon Critchley 曾花了半年时间，结集古往今来 190 位哲人的死亡故事，编成《哲人其萎》一书，他们在死亡之际都有一个共同的态度：淡定与从容。遗憾的是，此书没能将我国的列子和史铁生编入。"谁学会了死亡，谁就不再有被奴役的心灵，就能无视一切束缚和强制。"（蒙田语）在我看来，列子和史铁生无疑已然臻于这一令人歆慕的人生佳境。

2017 年 7 月 11 日

6.惑而不惑——耄耋不是梦，百岁甚可期

张希纯

一

"人究竟应该活多久——说出你的生命故事"。

看到这样一个题目，先是一愣，继而一叹，再是一沉，随之便陷入"长考"。历史上讨论研究最多的是人生观、世界观、价值观……

生命观？真是个有趣的哲学命题。

二

窗外阳光，正是百年最热时。屋内空调，给人清凉一片。我平心静气，躲进书房成一统，管他三伏不三伏！

我如此这般地看着澎湃、文学报、知青网等媒体微信公众号中"经典长寿者"的报道，读着"百岁生命"的故事，忆着我六十余年人生旅途中几个"耳闻目见的死亡"，想着这个命题中"应该"和"活"这两个关键词的内涵和外延。

三

87岁的科学家袁隆平正在埋头苦干，为着他的第三个梦想——"海水稻"；95岁的秦怡仍活跃在电

影界；100 岁的钱谷融为中央电视台《朗读者》节目录制视频；91 岁的王文娟、89 岁的田华、82 岁的谢芳、83 岁的王晓棠等老艺术家，生活依然过得自信，生命依然活得美丽！

袁隆平用英语向全世界分享自己的"杂交水稻"梦想。他说，我做过两次梦。一个是禾下乘凉梦，我的梦里水稻长得有高粱那么高，子粒有花生米那么大。我的另外一个梦想就是希望我的亩产 1000 公斤早日实现。为我们国家的粮食安全做出我应有的贡献。

秦怡讲，人生就好像一个时钟，总有停止的时候，但我觉得自己还有好多事要做，不想停下来。主要心态要好，不要觉得自己老了，不行了。不然就真的什么事都做不了。

王文娟也说，生活里既没有饮食忌口，也不会刻意保养，活得很马虎。想来想去，好像还要归功于好心态。把心力都交付给舞台的角色，台下的生活就简单了。

我不由感叹：他们堪称生命的经典，凸显了人活到耄耋之年应该完全不是梦。如此高寿的他们，坦然自若待归，知足常乐过活，更凸显了人有质量地活到百岁，也应该是完全可期的。

四

张充和活了 102 岁，杨绛活了 105 岁，周有光活了 111 岁，顾严幼韵活了 112 岁。我读了他们生命的故事:《小园即事》《丙午丁未年纪事——乌云与金边》《百岁忆往》和《一百零九个春天》。

张充和五岁起练书法，百岁时还能每天写字。她写道，人生的辞典中，翻不出"圆满"两个字。道路是只有那么一条，步武中只有那么一套，一二、一二，向左，向右……永远是一样，这一程到那一程……后面有人赶上来，不走也得走。做人不落二乘，应当让思想的食料丰富，让思想的肌肉发达。

杨绛 100 岁后还每天坚持写作并创作了小说——《洗澡之后》。103 岁还出版了《杨绛全集》。她写道，我们曾如此渴望命运的波澜，到最后才发现:人生最曼妙的风景，竟是内心的淡定与从容……保持知足常乐的心态才是淬炼心智、净化心灵的最佳途径。一切快乐的享受都属于精神，这种快乐把忍受变为享受，是精神对于物质的胜利，这便是人生哲学。

周有光 109 岁时完成了《逝年如水——周有光百年口述》书稿。他百岁后的杂文立意新颖，观点独特，往往穿越时空，如《刺客列传和现代恐怖》。他说，朝闻道，夕死可矣。壮心存，老骥千里;忧天下，仁人奋起。一个有思想的人，不是把财产看作第一位的。一个人要为人类有创造，这是最重要的。这就是人生的意义。生是具体的，死只是一个概念。虽然我对个人生与死早已淡薄，但我所记忆的历史还在前行。

顾严幼韵 98 岁时患大肠癌，手术数个月后，她还能在自己的生日宴上，穿着高跟鞋和她的医生翩翩起舞。她说，我只有一个秘密：乐观。不要纠结于往事，多花些时间思考如何创造更美好的未来。永远朝前看。每天都是好日子。

我由衷地感叹："曲终人不见，江上数峰青。"这是近两年离去的文化世纪名人的箴言，这是在现、当代史上留有浓厚印记的百年生命，这是馈赠人类延绵永恒的宝贵生命。这样的生命不朽而经典。

他们又都是平静的，安详的，有尊严地到达生命的终站。他们应该可以视为当下意义上的"寿终正寝"。他们一生中尽管也有过大病小疾，我更以为，他们的活过百岁，亦应该可以视为现实中的"无疾而终"。他们的身体没有承受"痛苦之重"，他们的生命是幸福的。

生，是个人无从选择的自然；死，是人类生生不息的必然。我们都应该像他们那样活着，以他们那样的"生命观"期盼像他们那样走到终站。

五

2016 年冬，我的母亲静静地走完了她人生的 102 个春天。在那个生命到站的时辰，在自家她自己的床上，甜甜地睡着了，回家了。

我的母亲知足，宽心，总是用满怀希望的脚步前行，前行。

她一生几乎与药无缘，从不吃补品，喜食红烧肉。她爱看书，常常手不释卷。她 90 岁时还能吟诵《琵琶行》："大弦嘈嘈如急雨，小弦切切如私语。嘈嘈切切错杂弹，大珠小珠落玉盘……"《红楼梦》更是她的最爱，一套线装本伴她一生。

我忆及至此，忽然想到，我的母亲很好地诠释了"人究竟应该活多久"的内涵，百年寿终之正寝，蜡烛燃尽而无疾。

六

1963 年春，父亲头疼得厉害，整日哎哟哎哟的，那痛苦的样子，深深地烙在我儿时的脑海中，至今清晰如昨。

没几日，他被华山医院收治，做了"脑电图"后竟昏睡了，迷迷糊糊了，靠药维系着生命，那痛苦的样子清晰地写在他的眉宇间。期间某一日，我随母亲去探望，突然间，只见他两眼成光，坐起身，两只手指指点点"莫斯科……红场……斯大林……"他口中还念念有词。

1964年1月的一天,来了一位领导,父亲忽地如睡梦中醒来,来者说:你摘帽了。父亲极力抬手示意,眼闪烁,气急促,嘴微动。那口型,像似在说"谢谢",两行热泪在眼眶中团团转,继而缓缓溢出……

第二天,我跟着家人匆匆赶去,只见他紧闭双眼,直直地"挺"在病床上……结束了用药物延续的生命,寿终医院。

那时的我懵懵懂懂,噢,人真的是会死的!

还记得当时12岁的我,对于死很恐惧,很惊奇,很迷惑,很久,很久。现在想想,人究竟应该活多久?我父亲的生命又似乎是一种"外延"的诠释。

那年,他正好活满一个甲子。

七

1966年秋。那一天下午,我从同学家回到弄堂,已快到家了,突然,一记沉闷的声响和一声惨叫,让我心头一震,身体一颤……弄堂里的居民们纷纷奔去,我也凑过去……她头着地,身体蜷缩在水门汀地上,一动不动,竟然不见血。

忽地,又有人喊,荣师母在天井里,也去了。又有人呼,荣先生给拉住了,拉住了……

我逃也似的奔回家，大声叫着:姆妈……不好了，不好了……我气喘吁吁……我一身冷汗。

记得那一晚，老睡不着，自杀？竟可这样地选择终止自己生命，太可怖了。

我是认识荣家姆妈的，我家斜对门是她家，她常对我嘘寒问暖，还给我吃过糖果的。

后来听说，她们是姐妹俩，都快花甲了，前一日的抄家后又斗了一夜，第二天早晨还被强行赤脚、头颈强行被挂上一串锡箔，还被逼令左手拿着面盆，右手拿着一根小木棒，边敲着面盆，边口中还要喊着"我是……"被押着去那隔街的一条"弹硌路"上游街……

第一次与这不一样的死亡相遇，14岁的我，那时，实在是很恐惧，很迷惑。一连数天，噩梦连连。

现在回想:她们应该活多久？我依稀记得，荣先生后来活过了"古来稀"。

八

1974年初冬，那是我在江西农村插队落户的第六个年头，公社知青办把我安排到社办窑厂工作。有一天，厂领导通知我，明天去县委党校报到，参加培训班的学习。孰料，才学习了两天，第三天早餐过后，突然间天旋地转，随后秽物从嘴中喷出……

众人赶紧将我送去医院。

"急性黄胆性肝炎"，这是一番检查并用药物缓解高烧、呕吐等症状几天后得到的结论。

我又赶紧被转院至地区传染病防治医院，隔离治疗。真真是幸运，"命大"！医疗及时，让我继续活着。而且，四十余年过去了，活得挺好。

如果当时不在县城，如果被当成普通胃肠炎或感冒之类而拖延，后话就不好说了，这是住院时主治医生说的。

这病既会传染，甚而会危及生命！

我循着这个思路忆着当年，如果当日不在县城而在几十里外的大山里，当时才活了22年的我岂不是就去了终站？别无选择。

九

我由衷地叹喟：在人生的旅途中，个人一刻也离不开他人。个人的生命与人的群体生命是紧密联系在一起的。而群体的生命是代代相传，是永恒的。

在某种意义上看，生命不仅仅是个人的，它属于家庭，属于家族，属于社会，属于人类。个人的寿命有长有短，因素多多，这是常态。

然而，有的人，活着如同行尸走肉、精神早已死亡仅仅留着躯体而已，比如那些罪孽深重的人，比如那几位被判了终身监禁的贪官……

那些为祖国、为人民而牺牲或殉职的人，"仰不愧于天，俯不怍于人"，虽死犹生，躯体离去，精神永生。他们千百年地活着！

换言之，心中无他人的人，他的生命是无意义的，没有价值的。这类人的世界观、人生观、价值观也必然是渺小的，令人唾弃的。

心中要有他人，我更以为这是符合人类历史发展的生命观的基点。我们应当树立正确的生命观，在了知"死"之必然后，要以更加健康积极的心态活着。

十

因而，按照一般规律，在正常状态下，人应该可以活一百岁，尽管寿终正寝是期望，有质量地活到百岁也是一种愿望。随着人类和医学科学的进步，老龄事业的发展，这种期望、这种愿望也应该是大有希望的。包括绝大部分的"寿终医院"。因为，"无疾而寿终正寝"似乎已经与现实渐行渐远。

当然，有的人可能成为"植物人"而活着，有的人可能"脑死亡"而痛苦地靠先进医疗技术和药物延续着"生命"，还可能……

这，就是另外一个话题了。

2017 年 8 月 8 日

7. 笑看死亡，心如止水

许国兴

面对死亡，我现在的抉择是："笑看死亡，心如止水。"趟过河水的人才知道水的深浅，闯过激流的人才懂得波澜不惊。我对死亡的看法有过三次变化，每次都与水有关。可能是因为我和水太有缘分，也可能是水与生命的关系实在太密切的缘故。

一、死都不怕的人还怕水凉

我是老三届的高中学生，在"文化大革命"那个年代，思想比较单纯，行为比较激进，叫得最响的口号是"一不怕苦，二不怕死"。那时我刚踏上社会，二十岁出头些的愣头青，对死亡的理解是很肤浅的，是不成熟的。记得1969年的1月中旬，是我刚被分配到崇明农场不久的冬天，我们新职工的任务是在河边取土平整道路。这天大约是零度以下的气温，刮着西北风。临近中午时，大家经半天劳动下来已经有些热意。这时，不知谁喊道："有谁敢下河游泳？"在一些职工的撩逗声中，特别是在女职工的面前，我想，死都不怕的人还怕水凉！头脑一热，我马上脱衣跃入冰冷的河水中。现在想想都害怕，要知道，那时我的游泳水平还不怎么样，顶多只能一口气游上十来米的距离，而且对此河水的深浅一无所知，万一抽筋呢？好在这天河水浅，河底硬，脚也没有抽筋，使我侥幸闯关成功。

二、激流中生死考验使我终身难忘

在农场三年多的日子里，我有过一次刻骨铭心并差点叩响死亡之门的经历。那是 1971 年夏天的一个夜晚，我一个人来到农场的长江边，头脑一热就想横渡到对岸去。我下水游泳才不久，就感到不对劲，被一股强大的潮流裹挟着向东而去。原来长江每天有涨潮和退潮的时间，想要在这种时候向北横渡简直是不可能的任务！这时我才真的慌了，用"苦海无边，回头是岸"这句话来形容，是很恰当的。我手忙脚乱，拼命挣扎着向岸边靠拢。在湍急的激流中，我真正体会到人的力量难与大自然的力量相抗衡；在挣扎的过程中，我也真正认识到人的生命是宝贵的，也是脆弱的，我要为自己的莽撞和头脑发热付出代价了。应该说老天还是眷顾我的，我终于游出了激流，气喘吁吁地爬上了岸。这里已经是十多里外的另一个农场了。这次缺乏对长江口潮流了解的下水游泳几乎让我葬送了性命，生与死的考验使我终身难忘，这一夜使我成熟不少。在以后的日子里，我改掉了不少冒失的坏习惯，懂得要热爱生活，珍惜生命。生命仅仅是我们活着的每一个瞬间，我们要热爱它，享受它，且行且珍惜。

三、"笑看死亡，心如止水"是更高的境界

老年人是与时间赛跑的人，不管寿命长短，都是活一天少一天。我们要丢弃老朽无用的消极情感，踏踏实实做事，简简单单做人，快快乐乐活着，努力让心像平静的水面那样，这是"笑看死亡，心如止水"的一种更高境界。现在，我担任着居民区党总支委员、支部书记和小区业委会主任的工作，还积极参加居民区的志愿者活动，继续发挥着余热。从单位的工作岗位上提前退休后的十三年里，我重新拾起了游泳运动，几乎每天游泳。冬天的冬泳，我们称之"淬火"和"血管操"，下水几分钟即可收到很好的效果；夏天边游边休息，累了就平躺在水面上，自得其乐。当然，每次下水游泳前，我会做好准备活动，并事先对河道的环境有所了解。常年参加游泳运动，既锻炼了意志，又增强了体质。在 2010 年和 2011 年的上海市体彩杯冬泳比赛中，我还两次获得过 400 米冬泳比赛的名次。

"笑看死亡，心如止水"还有一个含义：事来如实反映，物去痕迹不留。台湾知名作家琼瑶发出了希望"尊严死"的心声，还特别叮咛：死后火化，后事采取花葬方式，一切从简。我非常赞同琼瑶女士这种"我会笑看死亡"的精神，这无疑是我们人类必须倡导的积极的生命观。那些房子金银等财物，不过是过眼的云烟而已。我和老伴商量后共同做出决定，并向儿子作了交待：选择尊严死，不购置墓地，我俩骨灰一起海葬，净身而来，徒手而去，利乐众生。

"生时愿如火花，燃烧到生命最后一刻。死时愿如雪花，飘然落地，化为尘土！"琼瑶的这一名言，是值得我们欣赏和赞美的。

2017 年 7 月 31 日

8. 生死随想

朱亚夫

一、探索死亡

人类最难摆脱的诱惑是什么？回答是生的欲望和死的幻想。可以说，人生在世，悠悠万事，唯以生死为大。孔子云："未知生，焉知死。"有了生，才有人生之路；有了死，才有生生不息。一个从不思考死的人，不可能真正理解人生，也不可能真正感悟生命的价值。从这个意义上说，不妨倒过来说孔夫子的名言："未知死，焉知生！"

笔者原来从事老年宣传工作，深知生死问题，事关民生大计。对于生，人们想得多，憧憬也多，浪漫得很；而对于死，不少人不敢想，不愿想，回避想，害怕想，稍有涉及，便伤感不已，甚至勃然大怒。其实这一领域，尚有许多阴霾迷雾，有的还弥漫着神秘的气息，需要我们去开拓、去研究、去破解。就老年学而言，缺少死亡学的老年学，是不完全的老年学。科学地探讨与死亡有关的各种生理和心理问题，不仅有利于人们科学地理解人类的精神活动，而且有助于老年医疗、护理的完善和临终关怀的实施。

正是抱着这信念，1994年仲夏，笔者曾在《上海老年报》"老龄理论"版上，开设了"死亡学探索"

栏目,我援笔先后探讨了"人的灵魂""长生不老""起死回生""返老还童""弥留之际""回光返照""濒死之感""死亡之美"等八大问题。

二十多年前,在面向老年人的报纸上,开设这个栏目,刚开始的时候,我心里还真有些忐忑不安。可不是吗?死,对人而言,是"触霉头""不祥之兆",总是令人悲伤之事,尤其是对时至暮年的老年人来说,更是件犯忌之事。有的老人为避"死"字,甚至把家居四楼,讲成"3加1楼",现在要在报纸上公开设栏目,大谈死亡之事,会触人神经,自讨没趣吗?

不过,事实证明我的担心是多余的。老人们并没对"死亡学"视之为恶魔,退避三舍;也未将它看作瘟神,讳莫如深;而是坦然处之,甚有兴趣。他们有的作剪报,有的谈感想,有的写文章……有次我到一家社区老年活动室采访,看到他们活动室玻璃台板下面,压着几篇"死亡学探索"的文章。问起缘由,活动室负责人说:你们报纸刊发"死亡学探索"文章(因我当时用笔名发表,他们不知道我是作者),社区中有些老人对此问题很有兴趣,昨天就有十几位老人在此展开讨论。因为是一个月发一篇,他就做个有心人,一篇一篇收集起来……听后,我很感动,是啊,这是对我工作的最大鼓励!

二、死亡之美

死亡，意味着宝贵生命的终结，意味着与世间和亲人的永别。此一去，是去了"另一个世界"，"另一个世界"是怎样的世界？就像一部还没看的电影，心里没谱，这就留给世人无限的谜团和遐想。

人生，有生就有死，死是人生必然的结果，有位作家说："一声啼哭而来，两眸含情而去，便是人的宿命。这宿命着实也美。"

好一个"着实也美"！我展开想象的翅膀，这"死亡之美"，窃以为可分为三个方面。

首先是如秋叶之静美。印度著名诗人泰戈尔说："生如夏花之绚烂，死如秋叶之静美。"人生之凋落，如秋叶之静美，因而从容淡然。笔者当年在编《上海老年报》副刊时，曾收到一篇来稿《面对死亡我坦然》，写作者自己已购好墓穴，并潇洒地站在自己的镌有自己名字的墓穴旁拍照留念，其人生态度确实坦然。著名社会学家邓伟志写过一篇《示儿——假如我死了》，类似遗嘱，交代自己的后事：一、不要墓葬，二、不要立碑，三、遗体献给医科大学，四、我如患绝症，请医院对我执行"安乐死"，五、讣告的范围就是一二十人。这五点是硬性的，最奇的是还有个软性的希望，"就是在我死后在家里开个小型庆祝会"，以"庆祝辩证法的胜利"。这是我所看到的"遗嘱"中最奇绝的,也是让人最为敬服的。同时也让我明白了死亡的美感。

其次是面对死亡表现出"杀身成仁"的无畏之美。在敌人屠刀面前,"宁可站着死,不可跪着生","杀了我一人,自有后来人",《绞刑架下的报告》《刑场上的婚礼》等,这种为信仰英勇献身、为理想慷慨赴死的精神,惊天地,泣鬼神,谁能不感叹、不钦佩,不赞美!

再次是因死亡而催生的"只争朝夕"之美。正因为死亡不可避免,方才显示生命之可贵可爱。人,只有感到死亡的胁迫,才会努力拼搏,使生命激发出耀眼的光辉;只有通过死亡意识来震醒人的价值意识,才能使人的生命不朽。大病过后,方知生命之脆弱;故人去世,才晓时间之宝贵。倘若真会长生不老,世人恐怕将会滋生人生的单调无聊之感。日本高僧兼好法师就说过:"人生能够常住不灭,恐怕世间将会更无趣味。人世无常,或者正是很妙的事罢。"

三、活出精彩

记得苏联著名老年学学者列昂捷耶娃说过:"老年学的最终目的是使老人'年轻化',即不仅要延年益寿,而且要返老还童。"这句话说得好,其实,我们探索、研究死亡学，不是偏爱死亡学，而是为了更好的生，是为了让更多的老年人能"延年益寿，而且要返老还童"。

那么怎样"生"呢？无非是两条，一是增加生命的长度，就是延年益寿，长命百岁；一是加强生命的厚度，就是活出精彩，活得有意义，活得幸福。这个题目很大，足够写本书，可喜的是上海亲和源老年生活形态研究中心正在做这件事。我这里只谈对幸福的一点体会，因为活出精彩才会有幸福感。

对幸福，每个人自有不同的标准，我认为幸福是对现实生活的温暖感悟，是对前途的美好憧憬。大体而言，幸福来自两个方面，一是付出。犹如红烛，点燃自己，照亮世界，在奉献中体会到幸福，最典型的是雷锋，他说："我觉得人生在世，只有勤劳，发奋图强，用自己的双手创造财富，为人类的解放事业——共产主义贡献自己的一切，这才是最幸福的。"二是受惠。沐浴在阳光雨露中，身心是最舒适幸福的。比如夫妻相濡以沫，领导的嘉言表扬，领袖的亲切接见，又如意外得奖，喜逢战友，老来得子，征文获奖等。今年春节，许多农民工说能顺利回家过年，是"最大的心愿"；有位年轻爸爸说，每天清晨，襁褓中的女儿只要冲他一笑，他就觉得自己是这个世界上最幸福的人了。

幸福也是因人而异，并非千篇一律的。有人认为幸福是物质的，是实在的，葛朗台以拥有最多的金币，听金币的响声为人间最美的乐声，最为"陶醉"；时下的小老板实话实说："数钱的感觉真好！"有人认为幸福是精神的，马克思说"能使大多数人得到幸福的人，他本身也是最幸福的人"。有人认为有权有势最幸福，有人认为"为人民服务就是幸福"，有人认为吃喝玩乐就是幸福，有人认为"相爱是人的巨大幸福"。高尔基说"书籍使我变成了一个幸福的人，使我的生活变成轻快而舒适的诗，好像新生活的钟声在我的生活中鸣响了"。谢觉哉则说"人生最大的快乐是自己的劳动得到了成果"等。我则认为，能健康地活着，还能自由评说，写些东西，于心足矣。

年轻时，我将苏联英雄尼古拉·奥斯特洛夫斯基名言：人生最宝贵的是生命，生命属于人只有一次。一个人的生命应当这样度过：当他回忆往事的时候，他不致因虚度年华而悔恨，也不致因碌碌无为而羞愧；在临死的时候，他能够说："我的整个生命和全部精力，都已献给世界上最壮丽的事业——为人类的解放而斗争。"恭恭敬敬地抄录在日记本的扉页上。现在自己已人到晚年，回顾往事，老夫不敢说："我的整个生命和全部精力，都已献给世界上最壮丽的事业——为人类的解放而斗争"，但是我的一生努力以如下座右铭鞭策自己：总要留下些许东西，方才不枉来过人间。

是否如愿？任由世人评说。

9. 生 命

顾金喜

一种偶然的机缘，我们来到了人间，或先或后。接纳我们的这个空间，有阳光，有曦月，有云霓，也有山川、都市。这个天地十分友好，云霭霭地飘着，柳轻轻地摇着，虽则这里也常有滚雷、严霜和恶风。

无论我们各自生活得怎样，我们都十分留恋这个地方，可我们全都无一例外地不得不终于要离开这里，到那个我们都十分陌生的地方去。

人们，十分热爱我们生活于其中的这个天地的人们，一旦感到将要离开这里，该是怎样的心情？

作家、翻译家陈家宁教授在生命的最后时分写道：

一步，两步……何时我才能走到楼道的尽头去看看这人间的万家灯火呢？

好一个热闹而繁忙的世界，我还能回到这个世界里去吗？

我发现了无数浅绿色的嫩芽……

一个穿红衣的女孩与一个穿天蓝上衣的男孩正在聚精会神地用网捕捉蝌蚪……多么有趣的生活画面！

世界真好！ I love you ！

宇宙之神，一切光明与美丽的创造者，让我回来吧！

她和我们大多数正能量的人一样，在呼唤美，呼唤爱，呼唤生命。

庄子曰："死生亦大矣。"古罗马威吉尔云："死是不复返的波涛。"我们来去匆匆，我们或迟或早都得让出我们所占据的空间。不论这里有多少污浊、不幸和不平。它终究是令人留恋的啊！

天无绝人之路。山重水复疑无路，柳暗花明又一村。宇宙空间正在被人类逐步揭开神秘的面纱。相对论的提出，量子科学的应用，给人类的生命不啻延伸了内涵，更是扩展了外延。根据量子力学的理论基础，科学家们提出了"第三类平行宇宙"学说，亦即多世界解释：宇宙不止一个，而是有众多平行的宇宙。这个观点得到普朗克太空望远镜的数据支持。

通俗的解释，就是当我们离开了现实中的这个世界，我们的肉体死亡了，我们的意识不会死亡。我们的身体接收意识的方式跟卫星接收信号一样，意识存在于时空的拘束之外，它跟量子物体一样是非局部性的东西。从量子物理学（Quantum physics）角度出发，有足够证据证明人死后并未消失，死亡只是人类意识造成的幻象。科学家的研究发现，人在心跳停止、血液停止流动时，即物质元素处于停顿状态时，人的意识信息仍可运动，亦即除肉体活动外，还有其他超越肉体的"量子信息"，就是俗称的"灵魂"。多重宇宙可以同时存在，在一个宇宙里你的身体死亡后，另一个宇宙会吸收你的意识然后继续存在，会到另一个类似的宇宙去继续活下去。那么，"另一个宇宙"，那里是个怎样的世界呢？等待着我们去探索，或许其乐无穷。这么看来，死亡并不可怕，而是又一次重生！

10. 面对死亡的明智抉择

纪万芳

死亡是每一个人的必经之路，这是不可抗拒的自然规律，请问历史上有哪一个人能够逃脱死亡之路呢？

中国古代秦朝的秦始皇、汉朝的刘邦、三国时代的曹操、唐朝的唐太宗李世民和一代女皇武则天、宋朝的太祖天子赵匡胤、明朝的第一皇帝朱元璋和清朝盛世乾隆皇帝……现代的国父孙中山、新中国的领袖毛泽东、刘少奇和邓小平、总理周恩来……他们虽然都是历史上伟大人物，为人类创造了丰功伟业，但是最终都要逝世，这是无法避免的客观规律。

外国现代名人如英国的莎士比亚、美国的华盛顿、法国的拿破仑、德国的马克思与恩格斯、俄国的列宁与斯大林、印度的甘地、朝鲜的金日成、越南的胡志明以及古代希腊的阿基米德、意大利的但丁、法国的贞德、德国的贝多芬、波兰的居里夫人……他们的功劳万世流芳，可是也免不了最后的寿终。

既然死亡是人们最后的必经之路，那么我们应该怎样来正确地抉择自己的临终呢？有的人不怕死亡，他们视死如归，为祖国为人民为革命慷慨就义、英勇牺牲，真是虽死犹生，永垂不朽！

比如我国南宋民族英雄文天祥在他的著名诗篇

里就写道："人生自古谁无死，留取丹心照汗青！"
京剧大师周信芳先生主演的京剧《文天祥》中就义
一场的唱段非常感人肺腑，他壮烈激昂地唱道：

自古道忠臣留榜样，名载青史永流芳：
苏武留胡节不辱，严将军宁可头断不投降，
颜常山断舌取义殉国难，诸葛亮鞠躬尽瘁保家邦。
我文天祥不愧前人样，要做那忠臣烈士留得美
名扬！

在家喻户晓的被拍成电影的革命歌剧《洪湖赤
卫队》里，女主角赤卫队书记韩英在牢房中就对她
母亲英勇坚强地唱道：

娘啊！儿死后，你要把儿埋在洪湖旁，将儿的
坟墓向东方，
让儿常听洪湖浪，看见家乡红太阳！
娘啊！儿死后，你要把儿埋在大路上，将儿的
坟墓向东方，
让儿见红军凯旋归，听那乡亲们在歌唱！
娘啊！儿死后，你要把儿埋在高坡上，将儿的
坟墓向东方，
儿要看白匪消灭光，儿要看天下的劳苦人们都
解放！

而在另一部著名革命歌剧《江姐》里，当女共产党员领导人江雪琴在英勇就义前向难友们告别时，她也庄严坚定地唱道：

不要用哭声告别，不要把眼泪轻抛。
青山到处埋忠骨，天涯何处无芳草？
黎明之前身死去，面不变色心不跳，
满天朝霞照着我，胸中万竿红旗飘。

回首平生无憾事，只恨不能亲手把新社会来建造！
……
在革命现代越剧《忠魂曲》里，当毛主席夫人——革命烈士杨开慧在英勇就义前夕，她在牢房中面对自己的儿子毛岸英语重心长、情深义厚地唱道：

岸英啊！娘死后，你要去寻找救星共产党，丹心永远向太阳，
我不能抚养你长大，共产党胜过你亲生娘！
岸英啊！你要去寻找爸爸毛泽东，跟着他风里雨里奔前方，
爸爸的品德你学过来，爸爸的话儿你要牢牢记心上！
岸英啊！你要去投奔红军上战场，记住仇恨拿起枪，
消灭白匪要争先，誓为工农求解放！

从这些动人心弦的唱词中，我们就充分地看出了这些我国古今忠臣、烈士们的大无畏的生死信念，他（她）们"宁可站着死，不愿跪着生"，他们选择死亡的精神令人肃然起敬，为了神圣的事业可以抛头颅洒热血，这样的死亡抉择才是明智的。

也许有人会说："对死亡的抉择，像你列举的我国文天祥、韩英、江姐、杨开慧那样，还有岳飞、李秀成、秋瑾、黄继光、董存瑞、邱少云、王孝和、刘胡兰等的英勇就义是令人歌颂的，然而不是也有不少人选择的死亡并非都是光彩有意义，他（她）们大都是在人生的道路上痛不欲生而以'自尽'结束了自己的生命，比如战国时楚国大夫屈原投汨罗江自尽、西楚霸王项羽在乌江一死了残生、《红楼梦》中尤二姐吞金与尤三姐剑刎、'文革'中被迫害致死的著名电影明星上官云珠坠楼、京剧演员言慧珠悬梁、越剧演员竺水招刀刺、沪剧演员筱爱琴上吊与袁宾忠跳楼、黄梅戏演员严凤英服毒自杀等……请问这些人选择的死亡难道也是明智而正确的吗？"

我认为这要一分为二来看待。对于自尽而死的人有的是表示对残暴统治者的强烈抗议，像屈原投江而死就是这一种，而"文革"中被"四人帮"迫害致死的那些演员们也是属于这一种，他们选择的死亡是令人同情痛心的。而有些人为了个人事情就寻短见而轻生，他们看不到人生意义，这种死亡就不可取了。因此我们要抉择有价值有意义的死亡才对。

实际上死亡并不可怕，它吓不倒真正的英雄好汉。匈牙利革命诗人裴多菲的著名诗句"生命诚可贵，爱情价更高，若为自由故，二者皆可抛"，就有力地说明了这一点。在我国革命现代长篇小说《红岩》中，年青革命战士成刚在敌人法庭前写的所谓"自白书"上就义正词严地写道：

任凭沉重的锁链把我手铐脚镣，任你把皮鞭举得高高，

我不需要什么"自白"，哪怕面前是带血的刺刀。

人不能低下高贵的头，只有怕死鬼才委屈哭告，

毒刑拷打算不了什么，死亡也无法叫我开口求饶。

面对死亡我放声大笑，魔鬼的宫殿在笑声中动摇，

这就是我一个共产党员的"自白"，高唱凯歌埋葬蒋家王朝！

这是何等英勇慷慨的豪言壮语啊！回想起革命女英雄刘胡兰在敌人铡刀面前毫不屈服，视死如归，她为了中华民族的解放毅然选择了就义；刘胡兰生于1932年，死于1947年，年仅15岁，当时还是个花季少女呢！所以毛主席在她墓碑前题词："生得伟大，

死得光荣！"这就是明智抉择死亡的极好的先例。

最后，让我们来谈一谈老年人应该如何面对死亡和抉择死亡的问题。我们老年人都已经是六十岁以上的退休人员了，我们已到了"人生七十、八十甚至九十古来稀"的年龄了，真是"过一天是一天，今朝人不知道明朝人""说死就死"；所以我们要想开点，对有的事务要"睁一只眼闭一只眼"，不要斤斤计较与儿女们争，什么也不肯退让，因为你死后是什么也带不进棺材里去的。我们可以最后的自然死亡，有些人要求"安乐死"也未尝不可；但是千万不要悲观失望，患得患失，我们仍然要活得有意义，把身体弄得健康活得有质量。我们老年人面对死亡不要畏惧，要认识到死亡是人生的必经之路、自然规律，因此要像革命者那样含笑迎接死亡、走向死亡，这才是对死亡明智的抉择。

让我们的一生过得有意义吧！让我们面对死亡都有明智、正确的抉择吧！我们每个人应当满意地度过自己的有生之年，最终微笑着走向死亡这条必经之路而离开人世！

2017 年 8 月 2 日